复杂环境下隧道动力性能数值分析及试验

刘云 赖杰 王炜 刘渊 著

国防工业出版社

·北京·

内 容 简 介

本书利用理论推导、数值模拟、实验验证等方法和手段开展了地下隧道工程在复杂环境条件下的变形、受力和破坏分析,总结了隧道在破碎岩质区、地震、爆破施工等复杂环境下的受力机理,优化了支护方案,以达到增强隧道在复杂环境下的稳定性,提高隧道工程施工的安全性和可靠性的目的。本书可供土木工程方向的研究人员和施工人员阅读。

图书在版编目(CIP)数据

复杂环境下隧道动力性能数值分析及试验/刘云等著. —北京:国防工业出版社,2024.4
 ISBN 978-7-118-13243-4

Ⅰ.①复… Ⅱ.①刘… Ⅲ.①隧道施工—动力特性—试验 Ⅳ.①U455-33

中国国家版本馆 CIP 数据核字(2024)第 064530 号

※

国防工业出版社出版发行
(北京市海淀区紫竹院南路 23 号 邮政编码 100048)
三河市天利华印刷装订有限公司印刷
新华书店经售

*

开本 710×1000 1/16 插页 4 印张 10 字数 180 千字
2024 年 4 月第 1 版第 1 次印刷 印数 1—1200 册 定价 85.00 元

(本书如有印装错误,我社负责调换)

国防书店:(010)88540777 书店传真:(010)88540776
发行业务:(010)88540717 发行传真:(010)88540762

前言

随着我国经济的不断发展,对交通工程要求也越来越高,隧道作为交通工程里面的重要一环,其工程建设任务重,施工工期紧张,新建、扩建的需求日趋强烈。一方面,隧道工程建设分布范围广,地下隧道开挖纵深大、变跨多、结构复杂,面临"地质环境多变、灾害多发、构造复杂"的严峻考验。不良地质作用诱发的工程灾害严重威胁施工人员的生命安全,影响施工进度;另一方面,目前对复杂环境下隧道结构受力机理及控制技术研究的认识还停留在不全面、不系统的阶段,亟待开展深入研究。基于此,本书在国内外研究成果的基础上,通过理论分析、数值模拟并结合实验验证的方法,开展复杂环境下隧道结构受力机理及控制技术研究,总结隧道在破碎岩质区、地震、爆破施工等复杂环境下的受力机理,以达到帮助工程人员优化支护方案,从而增强隧道在复杂环境下的稳定性,提高隧道工程施工的安全性和可靠性的目的。本书的主要创新成果如下:

(1) 开展了隧道在爆破荷载作用下的稳定性研究。首先利用 DYNA 软件建立了隧道在爆破荷载作用下的三维数值分析模型,给出了隧道围岩和衬砌混凝土在爆破作用下的损伤本构模型,得到了爆破荷载作用下隧道的最易破裂面位置及衬砌结构动力响应规律。

（2）开展了未支护隧道在自重、地震等情况下的破坏研究，利用强度折减动力分析法，探讨了最易破裂面位置，得出隧道围岩在地震作用下以受拉、受剪破坏为主的结论。

（3）开展了穿越断层破碎区隧道的动力响应规律研究，得出地震的往复作用使衬砌受到较大的拉、压作用，而素混凝土的抗拉强度相对较低，更易发生受拉破坏的结论。

（4）开展了穿越断层隧道的振动台试验研究，得出以下结论：当遭遇高烈度、强地震作用时，断层隧道接缝处易产生较大错动，对隧道安全造成威胁，因此处于地震频发地区的断层隧道接缝处理；断层走向与隧道纵向夹角越小越不利于隧道稳定，隧道的动土压力以及应变响应更为剧烈，这点应引起工程师重视；隧道衬砌在水平地震作用下存在一定的加速度放大效应，相同情况下普通隧道地震响应程度要低于断层隧道；当衬砌结构临近破坏时，加速度放大效应系数将发生突变。

（5）开展了海底沉管隧道在复杂环境下的接头变形、受力和稳定性分析，得到了沉管隧道的动力安全系数和最易破裂面位置，得出了隧道接头以竖向错动为主，横向错动次之，而管段纵向相对变形最小的重要结论。

本书相关研究得到陕西省自然科学基础研究计划项目（2024JC-YBQN—0508）的资助，研究成果应用能有效提高复杂环境下隧道工程施工的建设水平，为隧道工程建设提供理论支撑和技术支持。

编 者

2023 年 7 月

目录

第1章 隧道典型工程问题 1

  1.1 隧道建设面临的工程问题 1

    1.1.1 破碎岩质区隧道突水诱发坍塌问题 3

    1.1.2 破碎岩质区隧道支护结构问题 8

    1.1.3 破碎岩质区隧道稳定分析问题 10

  1.2 爆破荷载下隧道动力响应问题 11

  1.3 本章小结 14

第2章 穿越破碎岩质区隧道爆破荷载作用下的受力机理 15

  2.1 穿越破碎区隧道爆破数值模型 16

  2.2 岩石和混凝土损伤机理 20

    2.2.1 压应力作用下岩体损伤柔度张量 20

    2.2.2 拉应力作用下岩体损伤柔度张量 23

    2.2.3 衬砌损伤模型 24

    2.2.4 爆破基本情况 24

    2.2.5 爆破开挖隧道支护及稳定性分析 27

    2.2.6 支护方案优化 35

  2.3 本章小结 ·· 46

第3章 地震诱发隧道破坏机制 ·· 47

  3.1 隧洞动力分析模型 ·· 48

  3.2 隧洞分析过程 ·· 49

    3.2.1 材料参数 ·· 49

    3.2.2 隧洞动力破坏机制 ·· 49

    3.2.3 根据单元拉-剪破坏状态分析 ······························· 50

    3.2.4 根据剪应变增量分析 ··· 53

  3.3 本章小结 ·· 55

第4章 断层隧道在高烈度地震下动力响应与破坏规律研究 ······ 56

  4.1 动力分析的基本条件 ·· 57

    4.1.1 阻尼系数 ·· 57

    4.1.2 岩土接触面的选择 ·· 58

    4.1.3 黏弹性边界 ··· 59

  4.2 数值模拟 ·· 61

    4.2.1 动力计算的基本参数 ··· 61

    4.2.2 隧道的基本情况 ··· 61

    4.2.3 加速度响应 ··· 64

    4.2.4 动土压力分布 ·· 65

    4.2.5 隧道衬砌的最终破坏 ··· 67

  4.3 本章小结 ·· 68

第5章 地震作用下跨断裂带隧道振动台对比试验 ··················· 69

  5.1 模型试验相似比的推导及选取 ······································ 70

         5.1.1 相似关系的推导及适用范围 ·················· 70
         5.1.2 依据量纲分析法推导 ······················ 70
         5.1.3 不同相似比的适用范围 ···················· 72
         5.1.4 土工建筑物临近破坏阶段的相似定律 ········ 73
    5.2 穿越断裂带隧道模型试验基本情况 ·············· 74
         5.2.1 振动台和模型基本参数 ···················· 74
         5.2.2 试验相似比 ······························ 75
         5.2.3 材料最终的配合比及监测点布置 ············ 76
         5.2.4 模型边界条件及试验工况 ·················· 77
    5.3 隧道模型试验现象 ···························· 79
    5.4 隧道模型试验的结果分析 ······················ 80
         5.4.1 隧道衬砌破坏情况对比 ···················· 80
         5.4.2 围岩动土压力响应 ························ 92
         5.4.3 衬砌应变分析 ···························· 98
         5.4.4 各管段的应变 ···························· 106
    5.5 本章小结 ···································· 108
第6章 沉管隧道接头地震响应及失效机理 ················ 110
    6.1 数值模型和接头处理 ·························· 111
         6.1.1 管段结构受力模型 ························ 112
         6.1.2 管段接头力学模型简化 ···················· 114
         6.1.3 三维数值分析模型 ························ 115
    6.2 动力本构关系和阻尼选取 ······················ 116
         6.2.1 土体动力本构关系 ························ 116

  6.2.2 阻尼选取 ·· 119

  6.2.3 流固耦合作用 ·· 119

6.3 整体式钢筋混凝土等效模型 ·· 120

6.4 监测点位置及力学参数 ·· 122

  6.4.1 模型情况 ·· 122

  6.4.2 基本力学参数 ·· 123

  6.4.3 输入地震波 ·· 124

6.5 管段接头处结构动力响应 ·· 125

  6.5.1 管段加速度响应 ·· 125

  6.5.2 管段动土压力大小 ·· 127

  6.5.3 管段接头轴力 ·· 132

  6.5.4 接头处管段弯矩 ·· 133

  6.5.5 预应力锚索受力分析 ······································ 135

  6.5.6 液化分析 ·· 137

6.6 管段接头处动力稳定性分析 ·· 139

  6.6.1 强度折减动力分析法 ······································ 139

  6.6.2 沉管隧道结构及接头处动力安全系数 ······················ 141

  6.6.3 隧道结构和接头处的破坏形态 ····························· 144

6.7 本章小结 ··· 145

参考文献 ·· 146

第 1 章 隧道典型工程问题

1.1 隧道建设面临的工程问题

随着国家经济的快速发展,隧道工程建设站在了新的历史起点。如何保证隧道施工人员生命财产安全、提高施工质量、确保施工进度是隧道建设的核心和关键。隧道工程分布范围广,隧道建设规模大,结构类型复杂,常常遭遇溶腔、岩溶、滑坡、强震、软岩、断层破碎带等恶劣的工程地质条件(见图 1-1),这无疑给隧道防护工程的建设造成了很大的困难。

在不良地质条件下,隧道建设过程中时有发生塌方、突水、突泥、岩爆等灾害(见图 1-2),对于地应力高、含水量丰富、岩石有膨胀成分等地层还可能发生较大的变形,造成人员伤亡,严重影响施工进度,造成巨大经济损失。

地下隧道建设以"新奥法"为设计、施工的指导思想,主要采用爆破开挖的方式进行掘进施工,该施工方法保证了隧道开挖的经济、高效、快捷。隧道建设相比其他工程建设,具有如下特点:

(1) 地下工程系统庞大,建设周期长,投资金额大,工程建设具有不可逆性。

(a) 岩溶　　　　　　　　(b) 滑坡
(c) 地表塌陷　　　　　　(d) 破碎岩体

图 1-1　隧道建设常见的不良工程地质条件

（2）地下施工动态性强，设计施工方案经常会出现较大的变动。

（3）工程地质条件非常复杂，具有一定的隐蔽性和未确知性。

由于隧道所在区域的地层条件经过长期的地质作用，地下岩体往往具有层面、节理、裂隙甚至大断层等结构构造特征，岩体参数在时间和空间上具有明显的变异性。此外，地层岩体中存在大量地表水和地下水，它们的活动会对地层岩体产生较大影响。

综上所述，隧道工程建设面临"构造复杂、地质环境多变、灾害多发"的严峻考验。复杂的工程地质条件增加隧道工程建设困难，对隧道的安全稳定造成严重威胁，然而隧道工程建设者对隧道复杂环境条件下的受力机理及控制技术研究停留在不全面、不系统的阶段,亟待开展深入研究。因此,开展隧道穿越破碎岩质区受力机理及控制技术研究具有重要的理论和现实意义,能有效地提高隧道工程施工建设水平和施工进度,确保支护结构质量,保证施工人员的生命安全,为隧道工程建设提供技术支持。

(a) 衬砌开裂 (b) 局部塌方

(c) 涌泥 (d) 涌水

图 1-2 隧道建设中的常遇工程灾害

1.1.1 破碎岩质区隧道突水诱发坍塌问题

隧道施工中易遭遇多种复杂的地质条件,常穿越断层破碎带、软弱地层、溶洞、暗河等不良地质发育段落,导致工程建设过程中往往遭遇突水、突泥等重大灾害,如图 1-3 所示。

(a) 涌泥　　　　　(b) 涌水　　　　　(c) 涌水突泥

(d) 拱顶开裂掉块　　(e) 坍方　　　　　(f) 衬砌坍塌

图 1-3　隧道建设中的常遇工程问题

其中,水在隧道工程中一直被视为一种不良的影响因素,对隧道施工难度和施工安全有很大影响。隧道内突水、突泥是由于开挖扰动引发的复杂动力灾害现象,灾害发生时岩土体在短时间内从突泥口处高速大量喷涌而出,毁坏工程设施,造成人员伤亡,严重威胁工程建设安全。灾害发生时地层持续地涌出泥水混合物,在突水突泥处形成直径几十厘米至几米宽的突泥口,隧道围岩发生卸荷,其内部积聚的能量得到释放后压力降低,突水突泥灾害结束。大型突水突泥灾害中一次可涌出数万立方土体,释放的能量达数亿焦,突出物可冲出至数千米远。表 1-1 统计了我国隧道建设中的典型工程突水突泥灾害案例。

表 1-1 我国隧道建设中的典型工程突水突泥灾害案例[1-2]

序号	工程名称	灾害情况	灾害类型
1	南广高铁白云隧道	2010年年初发生突泥灾害,瞬间涌泥规模达到2500m³	突泥
2	沪蓉西高速公路龙潭隧道	2006年12月,隧道发生大规模突泥2次,其中一次最大突泥量超过9000m³,导致工期延误超过12个月	突水突泥
3	台湾北宜高速公路雪山隧道	多次穿越复杂危险地质段落,频繁遭遇突水突泥地质灾害,历时15年建成	突水 塌方
4	宜万铁路野山关隧道	2007年8月,90min内突水量最大到达151000m³,泥石流量53500m³,造成10人死亡,导致工期延误180天	突水突泥
5	宜万铁路马鹿箐隧道	2004年至2008年先后发生特大突水突泥19次,2006年1月21日与2008年4月1日的两次特大突水突泥灾害共导致15人死亡,导致工期延误超过2年	突水
6	渝怀铁路圆梁山隧道	2001年至2004年期间先后发生大规模突水突泥71次,最高水压4.6MPa,造成9人死亡	突水
7	渝怀铁路武隆隧道	2003年6月25日先后发生大型突水突泥灾害10余次,造成隧道施工设备造成大范围损坏,最大日涌水量达718m³,经济损失超过2000万	突水突泥
8	京广铁路大瑶山隧道	施工期涌水量:4000~15000m³/天,涌水造成竖井被淹;地表坍塌约413次	突水
9	锦屏二级电站输水隧道	水压超过10MPa,最大瞬时涌水量达7m³/s,施工中多次发生涌水事故,严重影响施工进度	突水

对国内建成或在建的几十座隧道突水突泥灾害进行统计,结果表明,超过60%的隧道突水突泥灾害发生在穿越断层破碎带过程

中,断层破碎带存在大量的破碎面[2],其空间展布形态错综复杂、相互交织。除此之外,在破碎带两侧区域,岩体仍存在较为明显的不完整及软弱特征,该范围内的岩体称为断层影响带,也称为断层过渡带,其结构模式如图 1-4 所示。

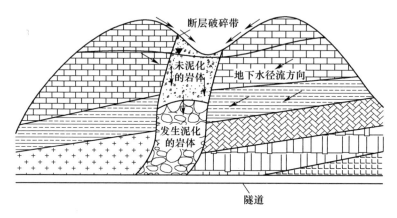

图 1-4　断层破碎带工程地质模型

断层带岩体松散,完整性较差,地下水运移路径复杂,带内常有承压含水不良地质体,隧道穿越时改变水力联系路径,断层等所含蒙石等矿物具有遇水崩解的性质,岩体的软化、弱化作用使岩体产生流动变形,从而发生突水突泥灾害,导致阵地隧道区域出现大规模地表塌陷。

由于隧道断层与突水之间密切相关,许多国内外学者开展了断层与突水的内在关系方面的研究,其中王子洪[3]通过对我国西南地区渝怀铁路圆梁山隧道的分析,发现了含水结构中储有能量、岩溶水压力对岩体的应力作用、含水结构围岩的稳定性被破坏是隧道突水突泥灾害发生的必要条件;杨志刚[4]为研究突水突泥灾害,建立充填介质滑移失稳力学模型并利用有限差分模拟软件模拟岩溶管道在不同水压力影响下隧道发生突水突泥灾害的可能性,分析了复杂地质条件下隧道突水突泥灾害的致灾机理;李秀茹[5]为得到富水破碎带岩溶隧道突水特点以及水力学参数对水压的敏感性,讨论了富水破碎带突水过程的突水速率、渗透率以及颗粒质量流速的变化规律,进而揭示突水致灾机理,总结出富水破碎带岩溶隧道突水是一个复杂的非线性动力过程,它是由外部因素和内部因素共同作用而导致的;Nawani[6]研究了隧道施工中遭遇突水的问题,指出突然进水或连续渗漏等地下水问题较难预测,以 Tapovan Vishnugad 工程的饮水隧道为例分析了地下水对隧道结构损坏、稳定性问题和环境的影响;王朋朋[7]以德江深长向斜隧道为依托,通过全面工程地质调查,结合隧道地震勘探法、电磁波反射法、地质雷达法和超前钻探验证等方法,对隧道进行超前地质预报,防止隧道发生突水破坏。

现有研究成果表明,断层破碎带突涌水具有以下特点:

(1) 时效性:富水断层破碎带突涌水常具有滞后特点,即隧道穿过或靠近断层破碎带时,不会立即发生突涌水,而是在揭露一段时间后才发生突涌水,滞后型突涌水与断层破碎带活化或掌子面裂隙水力扩展有关。

(2) 涌水量非线性变化:断层破碎带突涌水过程中,涌水量一般遵循"递增→峰值→衰减→稳定"的变化规律。断层破碎带水文地质条件的复杂性使涌水具有不同的变化特征。

(3) 流态突变:断层破碎带突涌水过程中,地下水涌出携带出大量物质,使充填物结构发生改变,导致充填介质的透水性和地下水流态发生深刻改变。

综上分析,断层突涌水灾害及其并发的突涌泥事故是隧道建设过程中最为严重的地质灾害类型之一。尤其是软岩区断层,强烈的地质构造和地下水长期物理化学作用形成一定宽度的富泥破碎带,岩体自稳能力及强度(抗剪强度、抗渗性)极差,若存在地表水或地下含水层组的丰沛补给,突涌水(泥)灾害强度和规模将难以估量。虽然目前对普通隧道工程的研究已经取得了一定的成果,但对存在断层、破碎岩质区且涌水的复杂地质条件下的隧道施工技术研究,还需要做大量的工作,从而完善相关工程理论以更好指导工程实践。

1.1.2 破碎岩质区隧道支护结构问题

随着隧道支护理念的变化,现代最为常用的新奥法理念中支护体系的种类更为繁多、作用机理更为复杂,其中应用最为广泛的是喷混、钢架以及锚杆等几种支护形式,这些支护形式相互作用且相辅相成,与隧道周边围岩共同形成了隧道的支护体系。由于这种支护体系考虑了围岩自承作用,因此支护形式的作用效果与围岩的自身性质是密切相关的,这也造成了不同支护形式在不同围岩中常常显示不同的特点。

在隧道围岩与支护相互作用的研究领域,"收敛约束法"是最具系统性和权威性的研究方法[8],这种方法考虑了各种支护形式对围岩的作用效果,在隧道支护参数的设计与分析中得到了广泛的应用。其中,最常用于土体和岩石的屈服准则是 Mohr-Coulomb 与 Drucker-Prager 准则[9]。

1. Mohr-Coulomb 准则

Mohr-Coulomb 准则是 O. Mohr 教授经过大量实验提出的屈服准则,并经过了许多工程实例的验证,现广泛运用于岩土工程中。

$$F = \frac{1}{3}I_1\sin\varphi + \left(\cos\theta_\sigma - \frac{1}{\sqrt{3}}\sin\theta_\sigma\sin\varphi\right)\sqrt{J_2} - c\cos\varphi = 0$$

(1-1)

$$\theta_\sigma = \frac{1}{3\arcsin\left(\frac{-3\sqrt{3}J_2}{2(I_1)^{\frac{3}{2}}}\right)} \quad (-\pi/6 \leqslant \theta_\sigma \leqslant 6/\pi) \quad (1-2)$$

式中　F——屈服准则表达式;

　　　I_1——应力张量第一不变量;

　　　J_2——应力偏量第二不变量;

　　　θ_σ——应力洛德角;

　　　c——岩土材料的黏聚力;

　　　φ——岩土材料的内摩擦角。

2. Drucker-Prager 准则

Drucker-Prager 准则是在 Mohr-Coulomb 准则基础上发展的屈服准则。其表达式为

$$f(I_1, \sqrt{J_2}) = \sqrt{J_2} - \alpha I_1 - k = 0 \quad (1-3)$$

式中　I_1——应力张量第一不变量;

　　　J_2——应力偏量第二不变量;

　　　α、k——取值与黏聚力和内摩擦角有关。

除上述理论方面的应用外,现场试验与数值分析也被广泛应用

于初期支护的作用效果评价中。刘云[10]为研究断层隧道在地震作用下的影响规律,开展了穿越断层隧道的振动台对比试验,介绍了试验材料、相似比选取及动力加载情况。试验表明:地震作用下衬砌腰侧的受力明显大于顶部和底部,在进行结构设计时应进行加强;隧道衬砌具有一定的加速度放大效应,衬砌结构的加速度傅里叶谱主要集中于中低频;王帅帅等[11]利用波函数得到了初衬、二衬、围岩及减震层之间的地震作用响应解析解,又通过断层隧道振动台试验验证了减震层的效果;黄志怀[12]以深圳茜坑隧洞建设为背景,总结了我国已建类似条件下工程的建设经验,制订了新奥法施工中弱围岩支护与衬砌结构可靠性试验研究与安全监测计划,建立了监测信息采集、信息处理、信息利用系统;王梦恕[13]对软弱地层下浅埋暗挖法进行了技术总结,提出了"强支护"与"早封闭"的变形控制理念。

以上研究现状可以看出,由于新奥法中初期支护作用的复杂性,在初期支护的作用效果方面的研究主要以与现场结合紧密的试验方法与理论分析方法为主,难以用一种理论完全解决。

1.1.3 破碎岩质区隧道稳定分析问题

隧道围岩失稳常常伴随着变形的非均匀性、非连续性以及大位移等特点,是复杂的非线性力学问题,近年来,国内外许多学者对地下洞室的稳定性做了大量的研究,但是在评价围岩稳定性方面还没有统一的理论,大多数仍停留在定性或经验水平,如何定量评判地下洞室的稳定性有待进一步研究。Rahaman[14]以广义Hoek-Brown控制(GHB)屈服准则分析了隧道在超载下的稳定性,给出了超载下隧道的塑性剪切带及最佳间距;王志杰[15]以蒙华铁路阳城隧道第四系土砂互层地层隧道围岩为研究对象,通过室内试验、现场试验及数值模拟等方法,探究层厚比对围岩稳定性的影响规律;刘明才[16]基于弹性厚壁圆筒理论,推导了等效厚壁圆筒层的刚度和最大支护压力等参数,又依据锚喷支护并联体系,建立了隧道超欠挖下锚喷支护复合结构的刚度和最大支护力的计算公式;张顶立[17]从隧道围岩结构性和支护作用的本质特征出发,提出隧道支护具有"调动"和"协助"围岩承载的基本作用,明确了二者的功能分配原则和实现方式。

虽然对隧道围岩稳定性的研究已有了很大的进步,但是由于岩体介质的本构关系的非线性、性状的非均质和非连续性、应力条件在时空上的多变性以及边界条件的复杂性等特点,相关研究成果与工程实际出入较大,对隧道围岩稳定性的研究还需进一步深入。

1.2 爆破荷载下隧道动力响应问题

地下工程的意外损坏可能会对交通网络产生重大不利影响,甚至造成破坏。因此,地下工程的安全问题受到各个国家和政府越来越多的关注[18]。在使用寿命期间,地下工程可能会遭受导弹袭击、意外爆炸(如运输的易燃物品爆炸)或相邻施工开挖引起的爆炸,将对地下结构和设施造成不可逆转的损害。据Masellis等报道[19],1996年3月意大利一辆载有2500L液化石油气的油罐车和客车在巴勒莫-蓬塔-莱西高速公路沿线的一条隧道内相撞,导致沸腾液体膨胀蒸气爆炸(BLEVE),造成5人死亡,34人受伤,隧道结构严重损坏。Ingason和Li还报道[20],2014年中国某隧道内发生了一起涉及两辆甲醇罐车的追尾事故,导致一辆液态甲氧基甲烷罐车在距入口100m的隧道内爆炸。爆炸导致52人伤亡,并摧毁了隧道内的42辆车辆。地下工程的重大意外爆炸事故包括液体膨胀蒸气爆炸、蒸气云爆炸和隧道内或附近的高爆爆炸袭击[21]。

隧道工程在提高运输能力、保障装备安全方面发挥了巨大作用,但也存在一定的安全风险。这种风险来源复杂,其中对地下工程安全和人员安全威胁比较大的是爆炸事故。针对地下工程的爆炸分为内部爆炸和外部爆炸两大类,如图1-5所示。

图1-5(a)所示内部爆炸可进一步分为内部空气爆炸(即在地下工程的空气空间中的爆炸)和内部接触爆炸(即结构表面上的近距离爆炸)。与工程爆炸相比,易燃材料爆炸更容易引起内部爆炸。图1-5(b)所示外部爆炸可细分为外部地表爆炸(即地下工程附近地面上的爆炸)和外部地下爆炸(即地下工程附近地下介质中的爆炸)。

地下隧道采用钢筋混凝土衬砌结构,钢筋混凝土衬砌结构的抗爆能力对于防止隧道在强烈爆炸荷载下遭受致命破坏具有重要意义。然而,地下工程现有设计指南或手册却几乎没有考虑爆炸荷载对结构响应的影响,到目前为止,仍然缺乏必要的指南来评估爆炸荷载下地下工程的脆弱性。

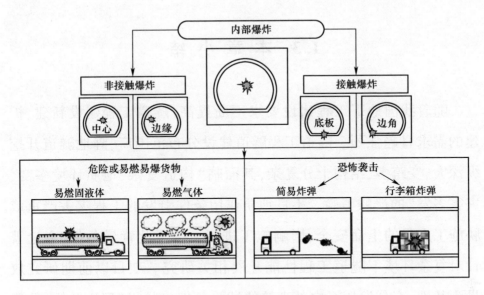

(a)内部爆炸

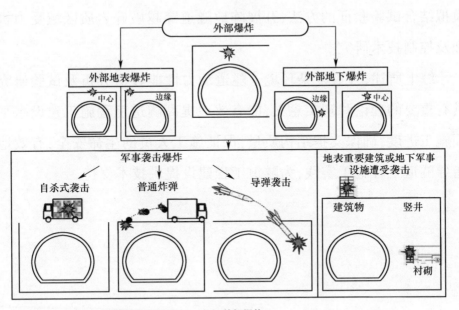

(b)外部爆炸

图 1-5　地下工程爆炸威胁类别

1.3 本章小结

随着我国地下工程建设要求不断提高,隧道工程建设新建、扩建的需求日趋强烈。隧道工程隧道建设分布范围广,阵地隧道开挖纵深大、变跨多、结构十分复杂,其面临"构造复杂、地质环境多变、灾害多发"的严峻考验。不良地质作用条件引发的工程灾害严重威胁施工人员的生命安全,影响施工进度。基于此背景条件,本论著针对复杂环境下隧道工程性能开展相关研究。项目以前期研究成果为基础,充分发挥军内外高校的试验条件,拟通过理论分析、数值模拟结合试验验证的方法,开展阵地隧道穿越破碎岩质区域受力机理及控制技术研究。

综上所述,开展复杂环境下隧道动力性能数值分析及试验研究具有重要的理论和现实意义,能有效地提高隧道工程施工建设水平和施工进度,确保支护结构质量,保证施工人员的生命安全,有效地指导隧道工程施工实践,为隧道工程建设提供技术支持。

第 2 章　穿越破碎岩质区隧道爆破荷载作用下的受力机理

爆破以其经济、高效、快捷的特点广泛应用于水电工程、矿山开采、地下交通工程以及隧道工程中。隧道围岩岩体在经过爆破动荷载的作用后,岩体结构会产生损伤破坏[22-23],如微裂隙等损伤,这些损伤会对后期围岩的服役或后续围岩爆破产生重大的影响,由于岩体属于脆性材料,具有较强的抗压强度,但抗拉强度一般都较低,随爆破开挖施工的进行或隧道长时间的服役引起岩体应力的重分布现象,此时若岩体结构本身无贯穿性裂缝,岩体在应力的作用下发生微裂隙损伤的加剧,造成岩体损伤破坏加剧或致使围岩岩体破坏(图 2-1)。

(a) 爆破损伤

(b) 侧壁损伤

图 2-1　爆破围岩损伤示意图

2.1　穿越破碎区隧道爆破数值模型

为得到穿越破碎区隧道在爆破荷载作用下的受力和变形情况，以某典型隧道工程为依托，探讨了隧道被复层和围岩的损伤机理，并开展了隧道在爆破荷载作用下的稳定性研究。其中，隧道围岩等级为岩质较差的Ⅳ类，隧道被复层厚度为0.6m，跨度为11.6m，高为9.8m，埋深为30m，该隧道为深埋隧道，拟定两条断层破碎带厚度为2.0m。为探讨断层对隧道动力性能的影响，开展了对比试验。根据试验中隧道被复层与断层相对位置，可以分成三种隧道类型。其中，普通隧道1#、4#作为断层隧道的参考物；另在2#与3#管段间布设了断层1，断层1的倾角90°，断层走向与隧道轴向夹角为30°，布置如图2-2所示。

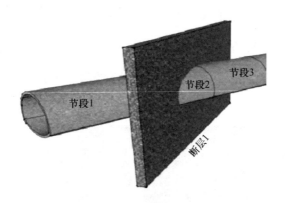

图2-2　断层隧道示意图

需要指出的是：实际隧道工程多采用复合衬砌的支护形式，即初期支护和二衬共同受力、共同保证围岩的稳定性，且复合衬砌与围岩之间存在防水层。由于本试验更侧重于衬砌结构本身的破坏特点,未考虑水的影响。

锚杆采用直径 14mm 的 HRB400 钢筋,砂浆与锚杆黏聚力为 900kPa,砂浆与围岩黏聚力为 1.2MPa,锚杆长度为 4m,梅花形布置,间距为 2m。采用微差爆破的方法,分别采用 MS1、MS3、MS5、MS7、MS9 毫秒雷管起爆,炸药采用岩石乳化炸药,炸药密度 ρ = 1300kg/m^3,爆轰波速 VOD = 4300 m/s,炮孔直径为 0.5m,爆破产生的正压段时间 t_d = 8ms。表 2-1 为隧道结构主要参数。

表 2-1 隧道结构主要参数

位置	弹性模量 /MPa	摩擦角/(°)	黏聚力/kPa	重度/(kN·m^{-3})
围岩	1300	27	400	21.0
断层	400	26	80	19.5
衬砌	29500	51.6	2130	25.0

为分析全断面多次毫秒延迟爆破以及掌子面连续爆破开挖推进过程中,隧洞围岩的损伤范围,各管段炮孔布置具体如表 2-2 所列。

表 2-2 炮孔布置数据

雷管段位	炮孔直径/m	炮孔间距/m
MS1	0.045	0.5
MS3	0.045	0.5
MS5	0.045	0.6
MS7	0.045	0.6
MS9	0.045	0.8

为了探讨过岩质破碎区(断层)的隧道爆破荷载下的已建衬砌

的动力响应情况,本书采用有限元分析软件 ANSYS/LS-DYNA 进行模拟;隧道模型主要采用实体单元,除锚杆和衬砌外,其余部分均采用的是 8 节点六面体单元,锚杆采用的是 Beam161 梁单元,衬砌和围岩则采用实体单元 Solid164,见图 2-3。为体现实际工程中,隧道依次连续爆破的特点,本书分别定义不同的引爆时间,达到先后爆炸的效果,空气的体积覆盖了整个隧道,并且在边界定义无反射边界条件。炸药材料采用 HIGH-EXPLOSIVE-BURN 定义 JWL

(a) 三维模型

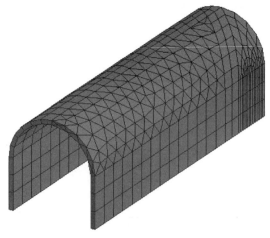

(b) 衬砌单元(衬砌层)

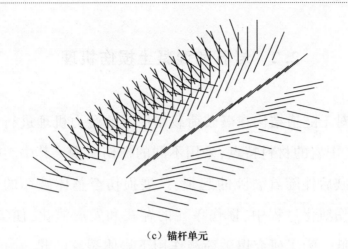

(c)锚杆单元

图 2-3　爆破模拟模型示意图

状态方程,密度为 1.25g/cm³,爆速 4500m/s,JWL 状态参数 A、B、R_1、R_2 对应的大小分别为 $1.1×10^9$、$4.2×10^9$、10 和 3.6。

穿越破碎区隧道采用微差毫秒爆破的方法,爆破孔分为掏槽孔、扩大孔、周边孔和底孔等,炮管分别为 1、3、5、7、9 段,炮孔采用药卷直径为 45mm 的 2 号岩石乳化炸药,长度为 3~4m,装药总量约为 235kg,具体布局如图 2-4 所示。

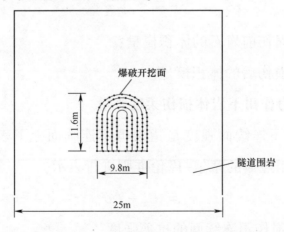

图 2-4　爆破开挖炮眼示意图

2.2 岩石和混凝土损伤机理

本书对于隧道结构在爆破荷载作用下的受力机理进行分析时，针对衬砌、围岩的材料特点，采用不同的损伤模型。其中，从细观上岩体在爆破后伴随着裂隙的起裂、扩展损伤至整体破坏的全过程。在这个损伤演化过程中，损伤单元的存在和发展演化，使实际的材料强度降低。为了研究爆破荷载作用下岩体裂纹的起裂、扩展直至破坏的过程，本书提出了一种综合考虑压剪应力和拉剪应力状态下的岩体损伤本构方程，引入了岩体强度初始损伤变量，该本构方程能分析中裂纹诱发岩体的初始损伤和裂纹发展后的附加损伤。

爆破作用下，岩石内部围观裂缝、缺陷的变化，也会引起岩石体积模量和剪切模量发生相应变化。理论上，常以体积模量的变化来描述岩石受损伤的程度，称为体积模量损伤度 D_k：

$$D_k = 1 - \frac{K'}{K} \tag{2-1}$$

式中　K——损伤前岩石的体积模量；

　　　K'——损伤后的体积模量。

2.2.1 压应力作用下岩体损伤柔度张量

岩体裂隙不连续面强度是指裂隙不连续面上下表面抵抗外力的能力，可以用经典的摩尔-库伦准则进行表示：

$$\tau_s = C_s + f_s \sigma_n \tag{2-2}$$

式中　τ_s——损伤不连续面的抗剪强度；

f_s——不连续面的摩擦因子(即 $\tan(\varphi_s)$);

C_s——不连续面的黏聚力;

σ_n——不连续面的法向应力。

大量实验结果和理论计算表面压剪裂纹开始起裂是近似垂直于最大拉应力方向开裂,按 I 型扩展,如图 2-5 和图 2-6 所示。

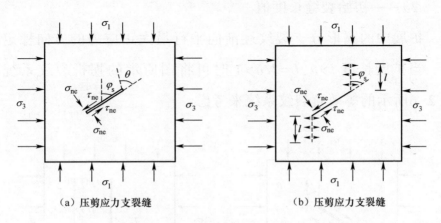

(a) 压剪应力支裂缝　　　　　　(b) 压剪应力支裂缝

图 2-5　裂缝扩展示意图

$$\sigma_{ne} = \sigma_n = (1 - C_n)(\sigma_1 \sin^2\varphi_s + \sigma_3 \cos^2\varphi_s) \quad (2-3)$$

$$\tau_{ne} = (1 - C_s)\frac{\sigma_1 - \sigma_3}{2}\sin 2\varphi_s \quad (2-4)$$

式中　C_n——传压系数;

C_s——传剪系数;

σ_1——第一主应力;

σ_3——第三主应力;

τ_{ne}——损伤时裂缝上的剪应力;

φ_s——岩石损伤裂缝的对应的摩擦角。

根据最大周向正应力理论[24]，初始裂纹沿周向最大正应力方向扩展，正应力作用下分支裂纹尖端瞬间应力强度因子为

$$K_{I(0)} = \frac{2}{\sqrt{3}}\tau_e\sqrt{\pi a} = \frac{2}{\sqrt{3}}(\tau_{ne} - \sigma_{ne}f)\sqrt{\pi a} \quad (2-5)$$

式中 f——岩石裂缝的摩擦系数；

$2a$——初始裂缝长度值。

扩展中的翼形分支裂纹逐渐向平行最大正应力的方向稳定扩展。当扩展长度 $l>a$，$L=l/a>1$ 时可将图所示的拐折裂纹系统用图 2-6 所示的等效直裂纹系统来考虑。

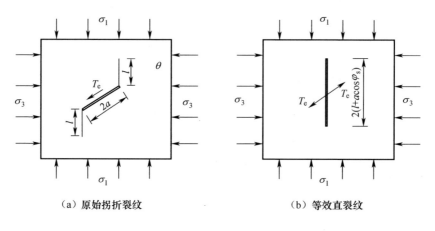

(a) 原始拐折裂纹　　　　(b) 等效直裂纹

图 2-6　压剪状态下分支裂纹等效示意图

主裂纹的影响通过作用在等效裂纹中心的一对共线集中有效剪切驱动力 T_e 来反映：

$$T_e = 2a\tau_e = 2a(\tau_{ne} - \sigma_{ne}f) = 2a(\tau_{ne} - \sigma_n f) \quad (2-6)$$

分支裂纹尖端应力强度因子计算方法采用 Kemeny 计算模型[25]：

$$K_I = (K'_I)_1 + (K'_I)_2$$

$$= \frac{2\sqrt{a}\tau_e\cos\varphi_s}{\sqrt{\pi L}} - \sigma_3\sqrt{\pi a L}$$

$$= \frac{\sin2\varphi_s - (1+\cos2\varphi_s)f}{\sqrt{\pi L}}\sigma_1\sqrt{a}\cos\varphi_s +$$

$$\frac{(\cos2\varphi_s - 1)f - \sin2\varphi_s}{\sqrt{\pi L}}\sigma_3\sqrt{a}\cos\varphi_s - \sigma_3\sqrt{\pi a L} \quad (2-7)$$

2.2.2 拉应力作用下岩体损伤柔度张量

由于拉剪状态下的裂纹受拉手往往张开,黏结力丧失而且不能传递拉应力,因此,受拉剪作用的不连续面的开裂和扩展较压剪更加简单。按最大周向应力准则,当裂纹尖端的等效 I 型应力强度因子达到岩体的断裂韧度时裂纹将扩展。但由于剪应力的作用,不连续面的扩展会偏离原来的方向,其扩展方向将垂直于拉应力最大方向。

拉剪应力作用下的裂纹尖端的等效 I 型应力强度因子为[26]

$$K'_I = \frac{3}{2}\sqrt{\pi c}\cos\frac{\theta}{2}\left(\tau_{ne} - \sigma_{ne}\cos^2\frac{\theta}{2}\right) \quad (2-8)$$

式中　θ——开裂角;

c——黏聚力。

拉应力作用下开裂角 θ 满足以下关系式:

$$\sigma\tan\frac{\theta}{2} - 2\tau\tan^2\frac{\theta}{2} + \tau = 0 \quad (2-9)$$

拉剪应力状态下,裂纹扩展后尖端的应力强度因子为

$$K_I = \frac{5.18(\tau_{ne}\sin\theta + \sigma_3\cos\theta)}{\sqrt{\pi L}} + 1.12\sigma_3\sqrt{\pi L} \quad (2\text{-}10)$$

2.2.3 衬砌损伤模型

混凝土采用 ANSYS/LS-DYNA 中 H-J-C 本构模型,该模型考虑了混凝土高应变、高压效应及损伤效应,用等效应力为

$$\sigma^* = [A(1-D) + Bp^{*N}](1 + C\ln\varepsilon^*) \quad (2\text{-}11)$$

式中 σ^*——等效应力与静屈服强度之比;

D——损伤因子($1 \geqslant D \geqslant 0$);

$p^* = p/f'_c$——无量纲静水压力(p 为实际压力,f'_c 为静态单轴抗压强度);

$\varepsilon^* = \varepsilon/\varepsilon_0$——无量纲应变率($\varepsilon$ 为实际应变率,ε_0 为参考应变率);

A、B、C——拟合系数,A 为标准凝聚强度,B 为标准强度增大系数,C 为应变率敏感系数。

$$D = \sum \frac{\Delta\varepsilon_p + \Delta u_p}{\varepsilon_p^f + u_p^f}$$

式中 $\Delta\varepsilon_p$、Δu_p——实际压力大小为 p 时材料的等效应变、体应变增量。

2.2.4 爆破基本情况

为探讨爆破荷载作用对周边已建隧道衬砌的影响情况,本书对隧道衬砌的加速度、位移等情况进行了分析,在离爆破掌子面约 15m 处的衬砌设置了监测点 1~4(其中 1 监测点对应直墙中部、2 监测点对应拱脚、3 监测点对应半圆拱中部,4 监测点对应拱顶),监测点具体位置如图 2-7 所示。

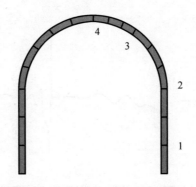

图 2-7 衬砌监测点示意图

1. 衬砌速度响应情况

爆破荷载作用下,从距离掌子面 15m 处的衬砌混凝土各监测点的受力分析表明(见图 2-8):位于直墙拱底部的监测点 1 在 0.1~0.15s 受力的爆破应力作用达到第一峰值,第二峰值出现在 0.35~0.45s 之间,此时混凝土所受爆破应力出现负值(即拉应力),由于混凝土本身抗拉强度远小于抗压强度,拉应力易造成混凝土开裂,因此采用素混凝土在隧道爆破开挖过程中容易出现开裂等情况,不能满足隧道工程全寿命周期的要求。

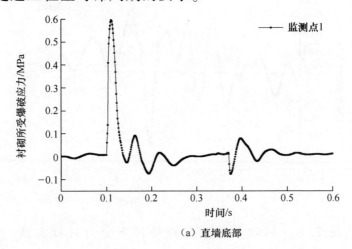

(a) 直墙底部

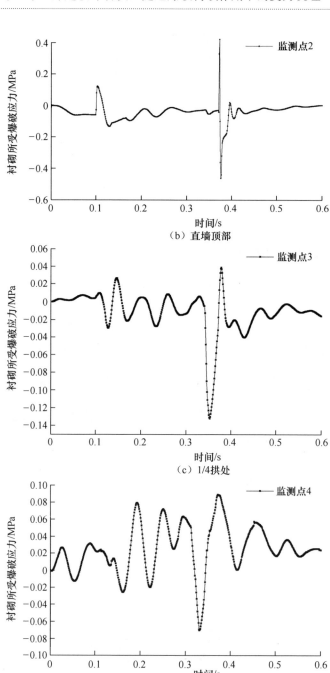

图 2-8 衬砌在爆破荷载作用下受力时程曲线

从图 2-8(b)直墙拱 d 顶部的监测点 2 的爆破荷载应力图可以看出,爆破应力的第一波峰出现在 0.35~0.4s 之间,且负值应力(拉应力)大小已经接近正值(压应力),这一现象也在图 2-8(c)和图 2-8(d)中出现。数据表明,混凝土衬砌在爆破荷载作用下承受拉压应力的共同作用,由于混凝土抗拉强度低,爆破开挖方式修建的隧道,素混凝土支护的方式并不适用,因此需要进行加筋处理。

2. 衬砌位移响应情况

从爆破后隧道衬砌的竖向位移可以看出(见图 2-9,以竖直向下为正,水平向左为正),衬砌在爆破荷载作用下,位于直墙底部监测点 1 在 0.1~0.15s 之间达到峰值,方向向右(向围岩一侧移动),而直墙顶部监测点 2 在 0.1~0.15s 位移达到第一个峰值,位移方向向左(朝着隧道侧移动),在 0.2s 以后数值不断增大。监测点 3、4 竖向位移比较接近,爆破 0.4s 后数值减小,趋于稳定。

3. 锚杆受力情况

从拱顶锚杆受力情况上看(图 2-10),在爆破荷载作用下,锚杆在 0~0.15s 时间段承受拉-压的循环作用,0.15s 后随着围岩竖向变形增大,锚杆受力主要以承受拉力为主,数值上未超过 700N,锚杆并未进入屈服状态,承载力满足工程需求。

2.2.5　爆破开挖隧道支护及稳定性分析

由上文的分析以爆破荷载等效的方法,从岩体损伤角度出发,结合数值分析软件 FLAC^{3D},计算得到了每次进尺 3m 的爆破损伤范围,该值约为 2.2m。为保证爆破围岩的稳定,本书将采用施工一线常采用的锚网喷的支护方法,结合强度折减分析法,给出支护隧道围岩的稳定性,给出支护方案优化的具体措施。

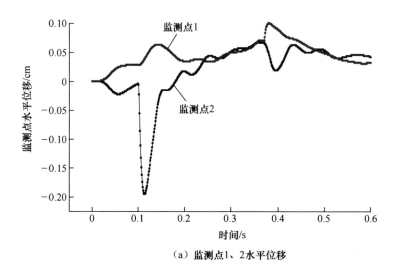

（a）监测点1、2水平位移

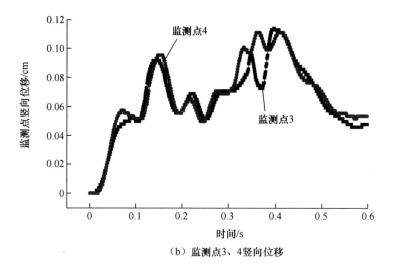

（b）监测点3、4竖向位移

图 2-9　爆破荷载作用下衬砌竖向位移

1. 强度折减法

传统地下结构稳定分析根据力或力矩的平衡来计算稳定系数，

将稳定系数 k 定义为滑动面的总抗滑力(矩)s 与总下滑力(矩)t 的比值：

$$k = \frac{s}{t} = \frac{\int_0^l (c + \tan\varphi)\mathrm{d}l}{\int_0^l \tau \mathrm{d}l} \qquad (2-12)$$

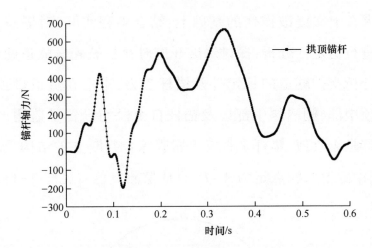

图 2-10　锚杆受力时程曲线

在进行强度折减动力法时，需要对岩土体的抗剪强度参数 c、φ 进行折减直至破坏。

$$c' = c/k',\ \varphi' = \arctan(\tan\varphi/k') \qquad (2-13)$$

式中　k'——折减系数；

c——材料的黏聚力；

φ——材料的内摩擦角；

c'、φ'——折减后相应的强度参数。

采用强度折减动力分析法进行地下结构的安全性分析时，主要从以下三个方面来对地下结构是否失稳进行综合判断：破裂面是否贯通（拉剪破裂面）；监测点的位移是否发生突变；分析折减系数与位移之间的相关关系，若曲线上折减系数对应位移发生转折，则其对应的上一级折减系数即为稳定系数。

2. 稳定性分析

本书在上文爆破损伤的基础上，结合工程实际，对爆破开挖后的隧道进行稳定性分析，探讨爆破开挖对穿越破碎区隧道的影响情况。为分析支护隧道的稳定性及锚杆受力，本书在隧道拱顶、起拱线与拱顶中部、侧墙腰中部以及锚杆自由段均设置了监测点，以监测点位移是否收敛、锚杆是否发生屈服综合判断支护结构是否发生破坏，其中隧道监测点定为 $A \sim D$，具体监测点位置见图 2-11。

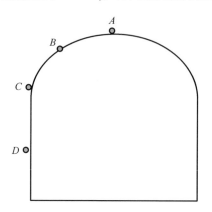

图 2-11　隧道监测点位置示意图

1）折减系数为 1.05

采用强度折减法对支护隧道的稳定性进行分析，当折减系数取 1.05，即降低围岩的强度参数，分析锚杆及隧道围岩的受力和变形情况，见图 2-12。由图 2-12 可知，监测点 $A \sim C$ 的竖向位移计算收敛,且数值大小仅为 0.65~0.35mm,显然支护隧道是稳定的,结构未发生破坏。主要原因在于:隧道爆破开挖后围岩应力得到迅速释放,主要变形已经完成,且围岩本身岩质较好、隧道自稳能力较强,施工锚杆后,略微降低围岩强度诱发的变形量很小。

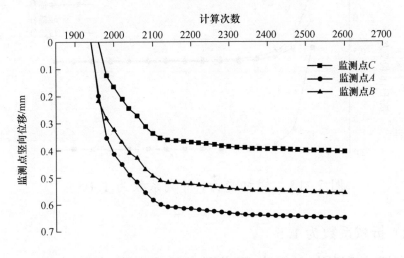

图 2-12　监测点竖向位移(折减系数为 1.05)

当折减系数为 1.05 时,从支护隧道锚杆受力(见图 2-13)可以看出,锚杆受力较小,远小于屈服强度,结构是稳定的。主要原因在于:隧道采用的是锚网喷支护,喷射混凝土层隧道围岩起到较好的支护效果,发挥了隧道围岩的自承能力,由于隧道围岩本身已接近稳定,略微降低围岩强度参数产生的变形较小,锚杆主要起限制围岩变形以及隧道安全储备的作用。

同理,对宽度 7.0m 或 5.0m 的隧道爆破开挖后进行锚网喷的支护效果开展研究,采用折减系数为 1.05,得到支护后隧道围岩变形量均小于 1.0mm,且锚杆受力均较小。研究结果表明,在岩质较好的隧道爆破开挖后,锚网喷支护的主要作用在于限制围岩变形以及起到隧道安全储备的作用。

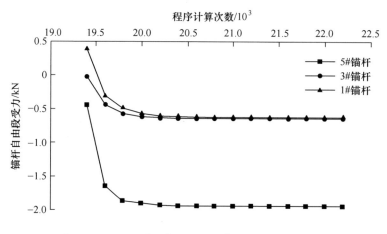

图 2-13 锚杆受力(折减系数为 1.05)

2) 折减系数为 1.5

当折减系数为 1.5 时,隧道围岩的强度降低,围岩发生一定的变形(见图 2-14),锚杆发挥较大的支撑作用,靠近拱顶的 5#锚杆受力约达到 32kN,最终围岩变形收敛,结构是稳定的。锚杆的受力(见图 2-15)表明当围岩强度进一步降低、诱发变形时,锚杆将发挥支护储备的能力,保证结构的安全。

3) 折减系数为 1.9

当折减系数为 1.9 时,隧道围岩的强度进一步降低,围岩发生较大变形(见图 2-16)且不再收敛,此时锚杆也达到了屈服强度,其支护能力将不再提高,围岩将发生失稳破坏。从监测点位移与折减系数关系曲线可以看出(见图 2-17),支护隧道在折减大于 1.76 时发生突变,因此支护隧道的稳定系数为 1.75。

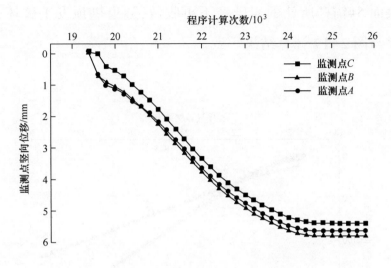

图 2-14 监测点竖向位移(折减系数为 1.5)

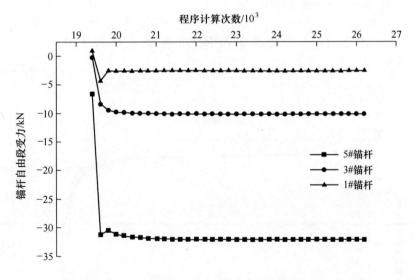

图 2-15 锚杆受力(折减系数为 1.5)

从锚杆的受力图上看(见图 2-18),当折减系数为 1.76 时,此时 5#锚杆已经进入屈服阶段,锚杆承载力不再增加,变形增加较快,计算表面5#锚杆所处围岩已经不再收敛,隧道拱顶发生破坏,该计算结果与图2-17计算结果一致。

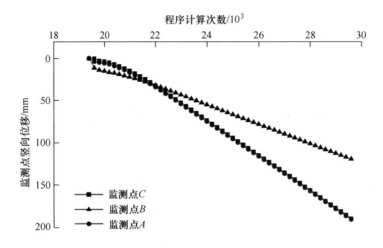

图2-16 监测点竖向位移(折减系数为1.9)

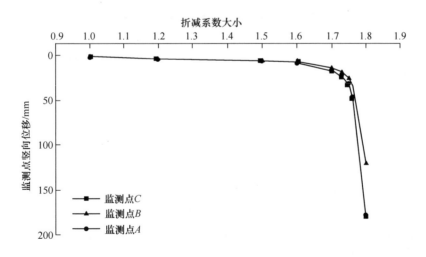

图2-17 监测点位移-折减系数关系曲线

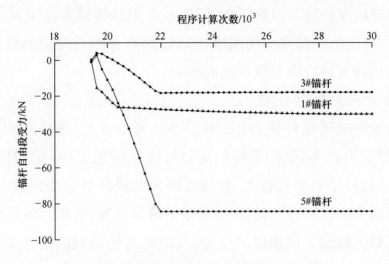

图 2-18 锚杆受力(折减系数为 1.76)

2.2.6 支护方案优化

1. 锚杆间距为 0.5m

为进一步探讨,锚杆间距对支护隧道稳定性的影响,本书在上文爆破损伤的基础上,采用相同的计算模型,锚杆间距取 0.5m 进行分析,喷射混凝土厚度为 80mm,隧道宽度同样为 6m,起拱高 4m,拱顶矢高 2.3m,网格单元数为 60450 个,锚杆长度为 3.5m,间距取 0.5m,梅花形布置,每个断面共 19 根锚杆,编号为 1#~19#,锚杆的基本力学如图 2-19 所示。

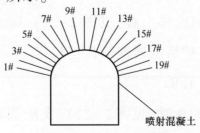

图 2-19 模型示意图

为分析支护隧道的稳定性,同样在支护结构设置监测点 $A\sim D$,如图 2-11 所示。同样采用强度折减法判断支护后隧道的稳定性,以此给出该支护方案对稳定性的影响。

1) 折减系数为 1.05

从支护隧道锚杆受力(见图 2-20)可以看出,锚杆间距 0.5m 时,锚杆受力较小,结构保持稳定。与锚杆间距 1.0m 的相比后可知,拱顶锚杆受力降低较大,而靠近腰部的锚杆受力变化较小。从上文隧道最终破坏可知,拱顶处是最易破裂位置,采用间距 0.5m 的锚杆有效的限制了拱顶围岩变形,与围岩变形协调的锚杆变形,相对于间距 1.0m 时的锚杆变形降低,锚杆受力减小。

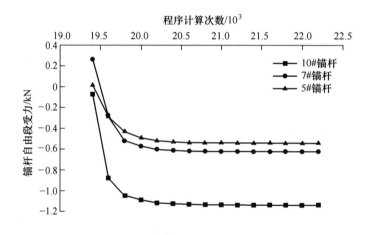

图 2-20 锚杆受力(折减系数为 1.05)

从监测点的竖向位移上看(见图 2-21),隧道围岩变形较小,计算收敛,表明锚杆支护后围岩能够保持稳定。

2) 折减系数为 1.9

当折减系数为 1.9 时(见图 2-22),支护围岩监测点 $A\sim C$ 的竖向位移计算收敛,表明此时结构是稳定的。

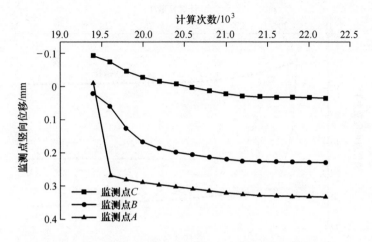

图 2-21 监测点竖向位移(折减系数为 1.05)

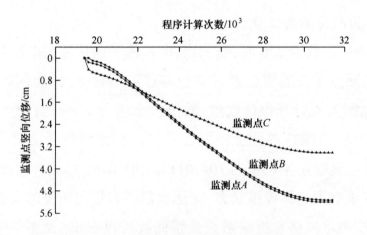

图 2-22 监测点竖向位移(折减系数为 1.9)

从此时锚杆的受力上看(见图 2-23),锚杆受力增加较快,但均达到屈服状态(80.4kN),受力大小呈现出从拱顶到起拱线两侧减小的趋势,受力主要由拱的中上部承担,锚杆还可进一步承受围岩压力作用。

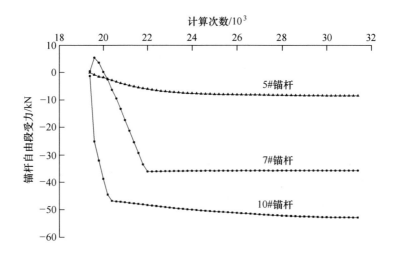

图 2-23　锚杆受力(折减系数为 1.9)

3) 折减系数为 2.0

当折减系数为 2.0 时,监测点 $A \sim C$ 的竖向位移(图 2-24)可以看出:监测点 A 及监测点 B 计算位移已经不再受力,竖向位移超过 25cm,监测点 C 计算位移收敛,数值大小约为 12cm;监测点 A 及监测点 B 对应的围岩部分已经发生破坏。从此时锚杆受力上看(见图 2-25),此时位于拱顶的 10#锚杆及中上部的 7#锚杆均已发生屈服,锚杆承载力达到极限状态,无法提供围岩稳定所需的支护力。

从监测点位移与折减系数关系曲线可以看出(见图 2-26),支护隧道在折减大于 1.93 时发生突变,因此可以判定当采用间距 0.5m 的锚杆进行支护时,支护隧道的稳定系数为 1.93。

由上分析可知,当采用锚杆间距为 0.5m 的支护方案时,支护隧道的稳定性从 1.75 提高到 1.93,增加约 10.3%,而锚杆用量增加接近 1 倍,增加效果不明显。为进一步优化支护方案,下面将讨论锚杆间距 2.0m 时,支护隧道稳定性。

2.2 岩石和混凝土损伤机理

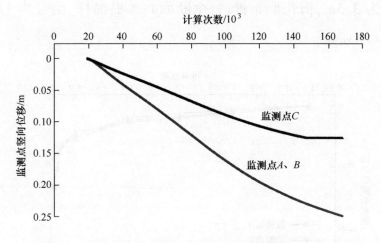

图 2-24 监测点竖向位移(折减系数为 2.0)

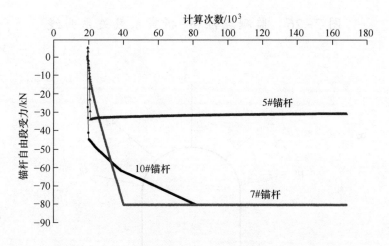

图 2-25 锚杆受力(折减系数为 2.0)

2. 锚杆间距 2.0m

为使计算结果具有可比性,本书采用上文相同的计算模型,锚杆间距取 2.0m 进行分析,喷射混凝土厚度为 80mm,隧道宽度同样为 6.0m,起拱高 4.0m,拱顶矢高 2.3m,网格单元数为 60450 个,锚杆长度为3.5m,梅花形布置,每个断面共5根锚杆,编号为1#~5#,如图2-27所示。

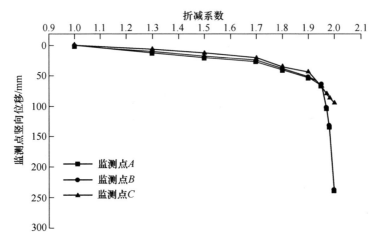

图2-26 监测点位移-折减系数关系曲线

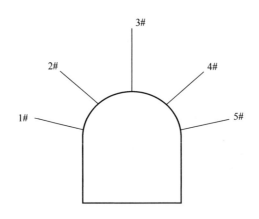

图2-27 隧道锚杆支护示意图

同样采用强度折减法求解支护隧道的稳定性,当折减系数为1.55时(见图2-28),支护围岩监测点A~C的竖向位移计算收敛,表明此时结构是稳定的。

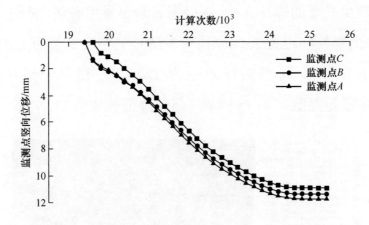

图 2-28　监测点竖向位移(折减系数为 1.55)

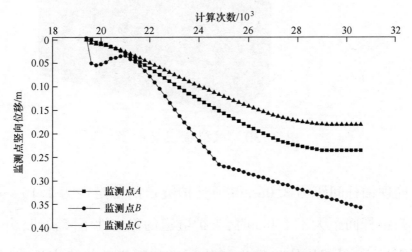

图 2-29　监测点竖向位移(折减系数为 1.56)

当折减系数为 1.56 时,从监测点竖向位移图 2-29 上看,监测点 A 和监测点 C 计算位移收敛,表明此处围岩保持稳定;而监测点 B 计算位移不收敛,有持续增长的趋势,显然此处围岩不再稳定。从图 2-27 隧道锚杆支护示意图可以看出,锚杆数量较小,监测点 B

处局部缺少必要的锚杆支护,该处围岩最早发生破坏(见图2-30)。由此可知,锚杆间距为2.0m时,支护隧道的稳定系数为1.55。

由上分析可知,当锚杆间距为2.0m时,相对于锚杆间距为1.0m时,稳定系数从1.75降到1.55,降低较为明显。

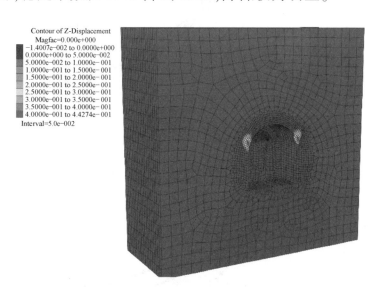

图2-30 破裂面具体位置

同理锚杆间距为3.0m,得到支护隧道的稳定性为1.15。可以看出当锚杆间距大于1.0m时,支护隧道的稳定性下降较快,由于锚杆间距过大,局部块体易发生掉落而影响隧道整体稳定性;当锚杆间距小于1.0m(如0.5m)时,支护隧道的稳定性提高程度不够,经济性较差,因此锚杆间距定为1.0m满足工程的实际需求。

3. 锚杆长度为3.0m,间距为1.0m

为分析锚杆长度对支护围岩稳定性的影响,本书开展了不同长度锚杆对支护隧道影响的研究。为使计算结果具有可比性,数值计算模型同样采用模型尺寸长宽高为25m×25m×15m,隧道宽度为6.0m,起拱高4.0m,拱顶矢高2.3m,网格单元数为60450个,锚杆长度为3.0m,间距为1.0m,梅花形布置,每个断面共10根锚杆,编号为1#~10#,同样设置监测点$A \sim D$(见图2-31)。

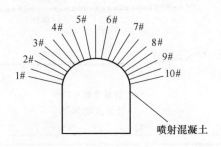

图2-31 隧道支护示意图

为得到支护围岩的稳定性,采用强度折减的方法,从锚杆受力可知(见图2-32),当折减系数1.05时,锚杆受力较低,主要承受围岩的应力释放后的剩余围岩压力;当折减系数为1.5时,5#锚杆轴力增长迅速,增速远超1#锚杆和3#锚杆,表明此时围岩压力主要由拱顶承受,其他部分的受力较小;当折减系数为1.61时,5#锚杆轴力得到屈服力度(80.4kN),承载能力不再增加,支护围岩可能已经发生破坏。

采用强度折减法,不断降低围岩的强度参数,得到了监测点竖向位移与折减系数关系曲线,可以看出(见图2-33),当折减系数≤1.5时,监测点位移增加较为缓慢,支护隧道是稳定的,当折减系数为1.51时,监测点A发生突变,计算表明监测点A位于的拱顶发生破坏,支护隧道的稳定系数为1.5。

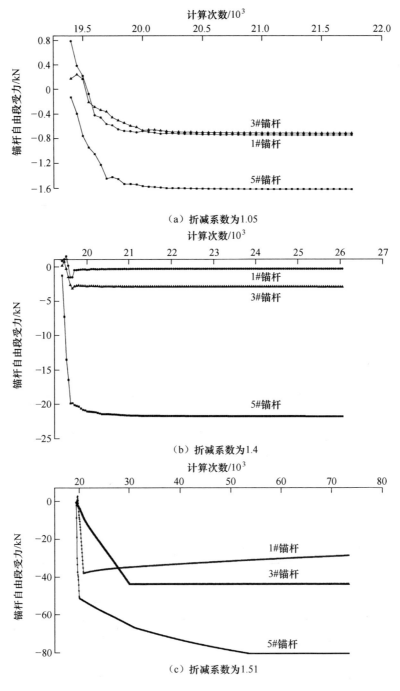

图 2-32 锚杆受力

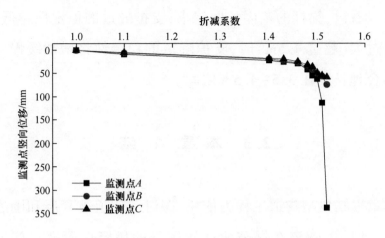

图 2-33　监测点位移-折减系数关系曲线

同理,采用强度折减法对锚杆长度为 2.75m 的支护围岩进行稳定性分析,得到最终的稳定系数为 1.12,稳定系数降低明显。主要原因在于隧道采用爆破开挖的方法,损伤围岩达到 2.2m,当锚杆长度仅 2.75m 时,锚固段长度为 0.55m,满足不了围岩锚固的基本要求。

将不同锚杆长度作用下的隧道围岩稳定性统计,如图 2-34 所

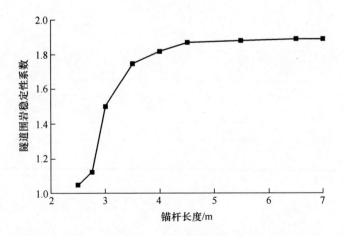

图 2-34　锚杆长度-隧道围岩稳定系数关系图

示。可以看出,锚杆的锚固长度越小,支护隧道的稳定性越低,但锚杆长度过大(超过 4.5m)时,支护隧道的稳定性将增加缓慢。锚杆支护的合理长度在 3.5~4.5m 之间。

2.3 本章小结

本章以某典型隧道工程为依托,探讨了隧道衬砌层和围岩的损伤机理,开展了隧道在爆破荷载作用下的稳定性研究。首先利用 DYNA 软件建立了隧道在爆破荷载作用下的三维数值分析模型,给出了隧道围岩和衬砌混凝土在爆破作用下的损伤本构模型,得到了爆破荷载作用下隧道的最易破裂面位置及衬砌结构动力响应规律,最后引入强度折减动力分析法,判断了隧道支护结构的稳定系数。

第3章 地震诱发隧道破坏机制

地震能够诱发各种地质灾害,给人们生命财产造成巨大的损失,长期以来因为地震发生的无规律性以及不可预测性,人们只对地面结构的抗震研究比较多,对于地下结构的抗震研究较少,直到日本阪神大地震以后才有所研究。

由于受到围岩的约束作用,隧道结构往往具有较好的抗震性能,隧道的破坏主要集中在地质条件差的地方[27],因此在遭遇强地震时,跨断层的隧道易发生破坏,这点在汶川地震中已经得到体现[28]。近年来,断层隧道的抗震问题已经引起了国内外学者的重视。何川[29]通过试验及数值模拟,研究了断层隧道的内力分布规律和变形特点;Moradi[30]通过计算得出增加衬砌直径和降低围岩的刚度,有利于防止结构破坏;王铮铮[31]建立了静-动力联合分析模型,研究了高烈度断层隧道的损伤反应特征;崔光耀[32]通过大型振动台试验探讨了断层黏滑错动时隧道在初衬和二衬间设置减震层的相关要求;耿萍[33]以某实际工程为依托,利用振动台试验论证了减震层是提高隧道抗震性能的有效手段。

尽管取得了一些成果,但研究成果还太少,并且集中于某些特定的工程,少量的成果尚不足完全揭示地下隧道的破坏机理和动力响应特性,还需要进一步研究。本章利用数值分析方法和强度折减法,基于 FLAC 软件开展了对地震作用下隧洞的破坏机制的研究,论证了隧洞的动力稳定性。

3.1 隧洞动力分析模型

FLAC 动力计算时,边界条件采用自由场边界,采用局部阻尼,阻尼系数为 0.15。地下隧道模型为消除边界效应的影响,整个数值模型有限元计算的边界范围需超过 3~5 倍隧洞高度或宽度进行模拟,本章取 8 倍隧洞高度和宽度进行模拟,模型所取总高为 61 m,总宽为 51 m,隧洞高为 3.5 m,跨度为 3 m,矢跨比为 0.5。边界采用自由场边界条件,模型示意图如图 3-1 所示,各关键点在模型中的位置如图 3-1 所示,其中关键点 A 位于边墙下部,关键点 B 位于拱角处。

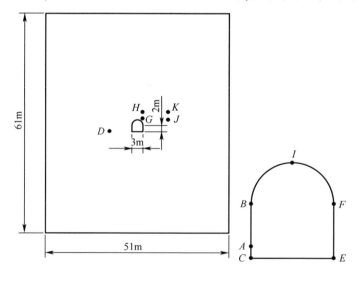

图 3-1 隧洞模型示意图

3.2 隧洞分析过程

3.2.1 材料参数

本算例为黄土隧道,将黄土为弹塑性材料,采用莫尔-库仑准则,黄土隧道围岩材料参数见表3-1。

数值模拟时,地震波采用单向水平输入,输入地震波的波形如图3-2所示,考虑到黄土材料的性质以及FLAC软件的特性将其转化为速度时程,再将地震波速度时程转化为应力时程从隧洞模型底部水平输入,这样更加适合分析。

表3-1 黄土隧道围岩物理力学参数

重度/(kN·m^{-3})	黏聚力/MPa	内摩擦角/(°)	弹性模量/MPa	泊松比	抗拉强度/MPa
17	0.05	25	100.00	0.35	0.01

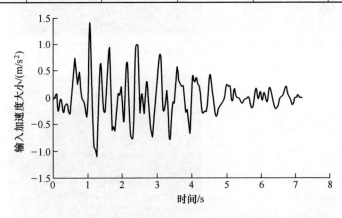

图3-2 输入的水平向加速度-时间曲线

3.2.2 隧洞动力破坏机制

本章通过分析地震作用下隧洞的塑性状态以及应变和位移的变化,来判定隧洞的地震破坏机制。

3.2.3 根据单元拉-剪破坏状态分析

计算表明在地震作用下黄土隧洞顶部易出现拉破坏,如图 3-3(a)所示,折减系数为 1.0 在刚输入地震波 1s 时,隧洞顶部与拱角处的临空面上最先出现了拉破坏;如图 3-3(b)所示,折减系数为 1.40 在刚输入地震波 1s 时,也是隧洞顶部的临空面最先出现了拉破坏。这一点与汶川地震中隧道洞口部分顶部受拉破坏基本一致,其余大部分

(a) 折减系数为 1.0

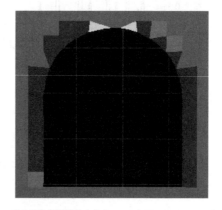

(b) 折减系数为 1.4

图 3-3　1s 时刻隧洞塑性区

区域都是受剪破坏。从整个受破坏的趋势看，此时隧洞顶部和两侧塑性区已贯通，但尚未出现破坏状态。

折减系数为 1.0 和 1.4 时 2.06s 时刻隧洞塑性区如图 3-4 所示。折减系数为 1.0 和折减系数为 1.4 当输入地震波的加速度时程曲线中加速度达到峰值时（$a=1.4\ \text{m/s}^2, t=2.06\text{s}$），隧洞周围除了侧墙部分和底部一部分区域受拉破坏外，隧洞两侧形成贯通的塑性区，并向

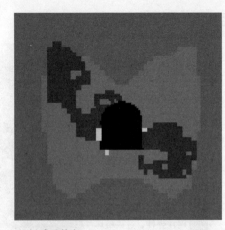

（a）折减系数为1.0

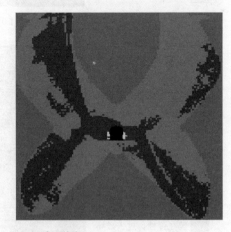

（b）折减系数为1.4

图 3-4　2.06s 时刻隧洞塑性区

45°方向发展。对比表明折减系数为1.0时虽然隧洞两侧出现贯通的塑性区但是范围比较小,而当折减系数为1.4时在隧洞两侧出现大范围拉破坏和整体剪破坏,塑性区向45°发展。

因为在应用FLAC进行计算时,是将加速度时程转化为速度时程,最后转化成应力时程输入的,所以应考虑在速度时程中速度达到峰值时($v=0.117$ m/s,$t=2.13$s)隧洞的破坏状态,如图3-5所示,其破坏情况基本与$t=2.06$s时一致。

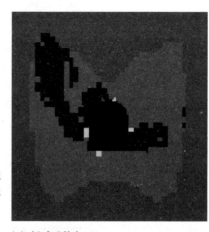

(a) 折减系数为1.0

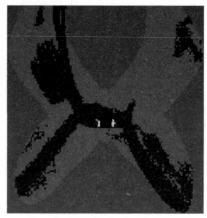

(b) 折减系数为1.4

图3-5 2.13s时刻隧洞塑性区

3.2.4 根据剪应变增量分析

折减系数为 1.0 和 1.4 时 0.001 s 时刻剪应变增量云图如图 3-6 所示。从图 3-6 可以看出,此时的隧洞顶部和两侧的塑性区已经贯通,但是塑性区贯通只是破坏的必要而非充分条件,并且只有拱角一小部分区域的剪应变相对较大,但也只有 3.5×10^{-3},所以可以判断整体剪破裂面还没有形成。

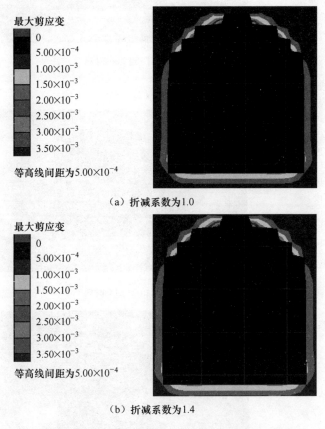

(a) 折减系数为 1.0

(b) 折减系数为 1.4

图 3-6 0.001s 时刻剪应变增量云图

折减系数为 1.0 和 1.4 时 1.06s 和 1.13s 时刻剪应变增量云图如图 3-7 所示。折减系数为 1.0 时,当输入地震波的加速度时程曲

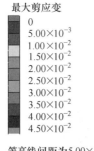
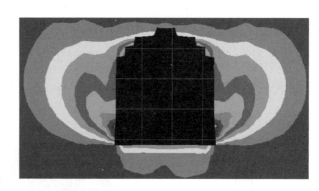

(a)折减系数为1.0时2.06s时刻

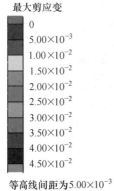
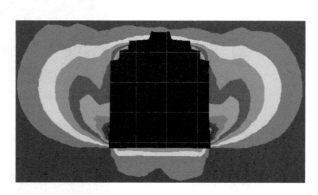

(b)折减系数为1.0时2.13s时刻

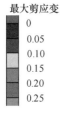
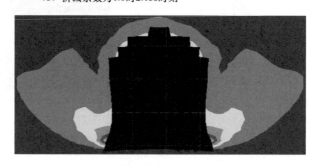

(c)折减系数为1.4时2.06s时刻

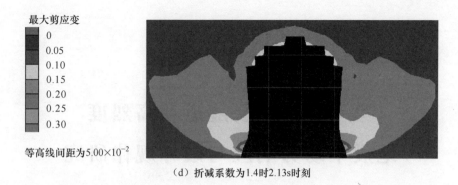

(d) 折减系数为1.4时2.13s时刻

图 3-7　2.13s 时刻剪应变增量云图

线中加速度达到峰值时($a=1.4$ m/s^2, $t=2.06$s)和速度时程中的速度达到峰值时($v=0.117$m/s, $t=2.13$s),最大剪应变已经明显增大,但也只有 4.5×10^{-2},并且剪应变比较大的区域很小,并没有形成整体的剪切破裂面。如图 3-7(b)和(c)所示,当折减系数为 1.4 时,最大剪应变已经明显增大,达到 0.30,从侧墙下部到拱角上部的塑性贯通区也已经形成,这一点与 2.06 s 和 2.13s 时出现从隧洞周边到模型边界的塑性贯通区相对应,所以综合可以判断此时应该是隧洞周围形成的贯通的塑性区一直在扩展,而且出现大范围拉破坏和整体剪破坏。

3.3　本章小结

针对未采用支护的开挖隧道,本章对其抗震性能进行了初步研究。计算表明,在地震作用下未支护隧道的破坏形式以拉-剪破坏为主,破裂面的位置主要集中于拱顶一定深度范围和两端直墙的较大区域。研究成果对于土质隧道的抗震支护具有一定的参考意义。

第4章 断层隧道在高烈度地震下动力响应与破坏规律研究

在通常情况下,隧道相比其他地下结构而言抗震性能较好,能够抵抗较强的地震作用。但大量的地震资料表明,在强地震作用下,穿越断裂带的隧道极易遭受地震破坏,而且中国处于太平洋地震带和欧亚地震带的交会处,地震较为频繁,因此对穿越断裂带的隧道进行深入研究十分必要。国内外许多学者已开展了这方面的研究,其中王铮铮[34]以中国的汶川地震为例,对山岭隧道进行了分析,得到了震中距、断裂带位置、围岩质量对隧道抗震性能的影响;徐前卫等[35]以山区隧道为背景,采用静力试验和数值模拟的办法对过断层隧道进行了深入分析,得到了隧道的破坏特征以及岩体应力非线性空间分布情况;Baziar等[36]利用离心机试验,给出了过逆断层隧道及周围土体的动力响应特点受隧道刚度、土体密度、隧道相对位置的影响情况。

以上的研究主要基于动力试验,尽管取得了大量成果,但由于试验相似比难以完全满足,是否能直接运用还需进一步论证,同时模型试验对应的工况有限,还远不能揭示断裂带隧道地震响应及破坏规律。为此,本书开展了穿越断裂带隧道的相关研究,通过模拟两种不同的穿越方式,得到了隧道的动力响应规律、衬砌动土压力分布情况与容易遭受破坏的位置。

4.1 动力分析的基本条件

4.1.1 阻尼系数

对隧道的动力分析常采用时域分析方法,节点的运动微分方程为

$$Mu'' + Cu' + Ku = -MIu''_g \quad (4-1)$$

式中 u''、u'、u ——t 时刻质点的加速度、速度及位移;

M、C、K 和 u''_g ——整个物体的质量矩阵、阻尼矩阵、刚度矩阵和地震加速度;

I ——单位矢量。

当采用瑞利(Rayleigh)阻尼时,式(4-1)中的阻尼矩阵 C 与质量矩阵 M 和刚度矩阵 K 呈线性关系:

$$C = aM + \beta K \quad (4-2)$$

式中 a、β ——阻尼系数,则任意阶阻尼比 λ_n 等于下式:

$$\lambda_n = \frac{\beta w_n}{2} + \frac{a}{2w_n} \quad (4-3)$$

得到式(4-4)及式(4-5):

$$a = \frac{2w_i w_j}{w_j^2 - w_i^2}(w_j \lambda_i - w_i \lambda_j) \quad (4-4)$$

$$\beta = \frac{2w_i w_j}{w_j^2 - w_i^2}\left(-\frac{\lambda_i}{w_j} + \frac{\lambda_j}{w_i}\right) \quad (4-5)$$

一般常假定 $\lambda_i = \lambda_j = \lambda$，此时 $a = 2\lambda \dfrac{w_1 w_2}{w_1 - w_2}$ 及 $\beta = \dfrac{2\lambda}{w_1 - w_2}$。

图 4-1 为阻尼比与圆频率关系图示。

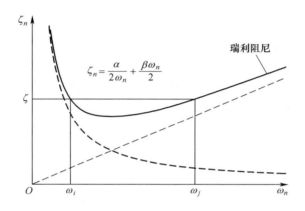

图 4-1　阻尼比与圆频率关系图示

4.1.2　岩土接触面的选择

由于隧道衬砌的刚度较大，为了模拟衬砌与围岩的相互作用，在两者相交的地方设置接触面，通过接触面上的竖向弹簧和切向剪切弹簧来模拟法向力和切向力的作用，如图 4-2 所示。接触面力与相对位移的关系如式(4-6)和式(4-7)所示。

$$F_n^{(t+\Delta t)} = k_n u_n A + \sigma_n A \quad (4-6)$$

$$F_{si}^{(t+\Delta t)} = F_{si}^{(t)} + k_s \Delta u_{si}^{(t+0.5\Delta t)} A \quad (4-7)$$

式中　$F_n^{(t+\Delta t)}$——$t+\Delta t$ 时刻的方向力；

$F_{si}^{(t+\Delta t)}$——$t+\Delta t$ 时刻剪切力分量；

σ_n——截面上的法向应力；

k_n——法向刚度；

k_s——切向刚度；

Δu_{si}——切向位移增量；

A——计算截面的面积。

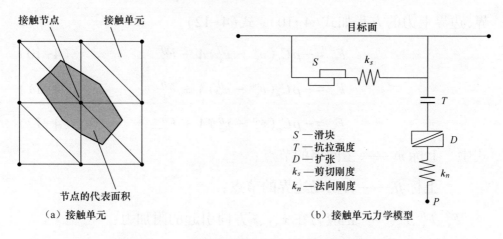

图 4-2　接触面单元力学作用示意图

4.1.3　黏弹性边界

黏性边界由 Lysmer 和 Kuhlemeyer 提出，包括连接到边界法向和切向的独立阻尼器，阻尼器具有正向和法向黏滞牵引力。该黏滞力可以直接引入边界节点的运动方程中，即在每一时步计算法向和切向牵引力，并把它们以边界载荷的方式施加到边界上。

$$t_n = -\rho C_p v_n \tag{4-8}$$

$$t_s = -\rho C_s v_s \tag{4-9}$$

式中　ρ——模型传播介质的密度；

　　　v_s——切向速度分量；

　　　v_n——法向速度分量；

　　　C_p——压缩波的波速；

C_s——剪切波的波速。

本书采用的 FLAC^{3D} 数值分析软件,则是根据人工边界通过自由场条件与黏性边界的耦合来吸收出平面波的能量,以模拟无限远边界,边界上力的方程如式(4-10)~式(4-12)。

$$F_x = -\rho C_p (v_x^m - v_x^{ff}) A + F_x^{ff} \qquad (4\text{-}10)$$

$$F_y = -\rho C_p (v_y^m - v_y^{ff}) A + F_y^{ff} \qquad (4\text{-}11)$$

$$F_z = -\rho C_p (v_z^m - v_z^{ff}) A + F_z^{ff} \qquad (4\text{-}12)$$

式中　上标 m ——主网格的节点;

上标 ff ——自由场边界的节点;

F_x^{ff}、F_y^{ff}、F_z^{ff} ——正应力在 x、y、z 方向引起的附加力;

v_x^m、v_y^m、v_z^m ——模型网格在 x、y、z 方向的速度分量;

v_x^{ff}、v_y^{ff}、v_z^{ff} ——自由场网格在 x、y、z 方向速度分量。

图 4-3 为动力计算边界条件示意图。

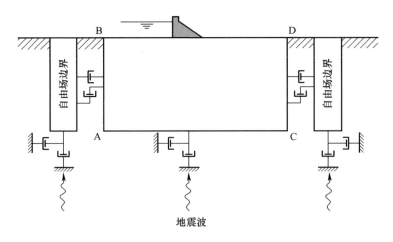

图 4-3　动力计算边界条件示意图

4.2 数值模拟

4.2.1 动力计算的基本参数

数值模拟网格边界采用自由场边界,该边界能够产生与无限域边界相同的效果,能有效防止地震波在网格边界上的反射,以此来模拟地震时隧道的无限域情况,隧道各部分组成的物理力学参数见表4-1。阻尼采用瑞利阻尼,地质类材料临界阻尼比范围一般为2%~5%,结构材料临界阻尼比范围为2%~10%,在参考相关文献后,阻尼比取4%,取结构的计算频率0.2~10Hz,此时阻尼系数 $a=0.016, \beta=0.008$。输入的地震波为0.8g 的Taft地震波、Linghe地震波(NS向)和EI-centro地震波(NS向),三种地震波经过滤及基线校正后的地震波形如图4-4所示。

表4-1 模型材料物理力学参数

材料	重度/(kN·m^{-3})	弹性模量/MPa	泊松比	黏聚力/kPa	内摩擦角/(°)	抗拉强度/kPa
围岩	24.5	1200	0.29	1100	31	400
断层	21.0	300	0.31	10	26	4
衬砌	25.0	28×10^3	0.20	2130	51.6	1400
接触面单元	—	—	—	5	25	3

4.2.2 隧道的基本情况

取三种不同的隧道形态进行模拟,其中图4-5(a)中断层倾角为90°,走向与隧道纵向夹角为45°;图4-5(b)中断层倾角为45°,走向与隧道纵向夹角为90°;图4-5(c)中则为无断层带的普通隧道。隧道拱圈跨度为6.84m,高为5.7m,拱圈厚度为0.5m,埋深8.0m,隧道衬砌为普通素混凝土组成。

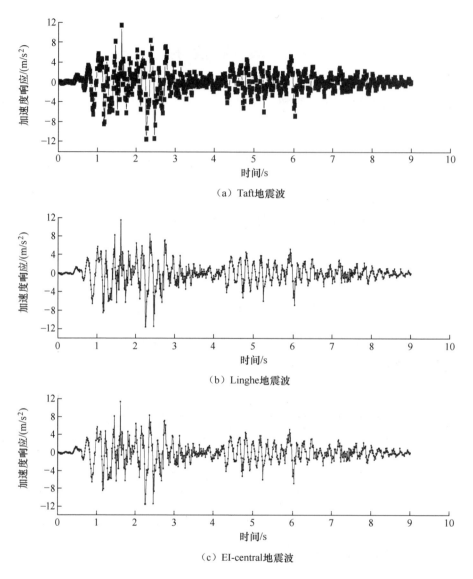

(a) Taft 地震波

(b) Linghe 地震波

(c) EI-central 地震波

图 4-4 数值模拟输入的地震波

为得到隧道衬砌的围岩内力和加速度响应,在拱圈外部设置 4 个监测点 $A \sim D$ 及 8 个应变监测点 $A \sim D$ 及 $A_1 \sim D_1$,具体位置如图 4-6 所示。

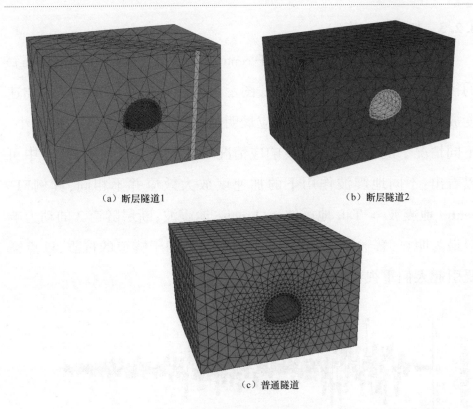

(a) 断层隧道1　　　　　　　　(b) 断层隧道2

(c) 普通隧道

图 4-5　数值模拟模型图

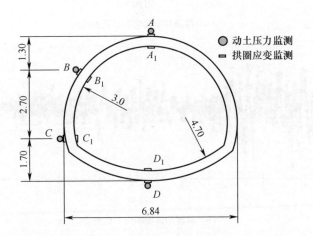

图 4-6　监测点布置示意图(单位为 m)

4.2.3 加速度响应

图4-7为输入峰值为0.8g EI-central波时断层隧道1(见图4-5(a))的拱圈各点的加速度响应情况,图示表明隧道拱圈存在一定的加速度放大效应,其中拱顶放大效应最明显,拱腰和拱脚放大效应较小。不同情况下隧道衬砌加速度响应情况统计如表4-2所列,从表中可以看出:不同地震波作用下的加速度放大效应并不相同,算例EI-centra地震波 > Taft地震波 > Linghe地震波;断层隧道2的动力响应最为明显,普通隧道最弱,表明断层并不利于隧道的抗震,这点需要引起人们重视。

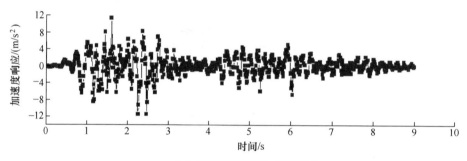

(a) 拱顶加速度响应（监测点A）

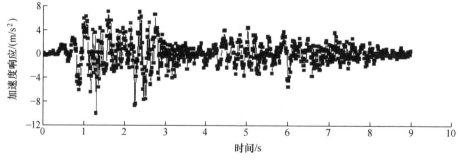

(b) 拱腰加速度响应（监测点C）

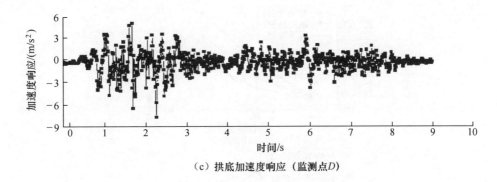

(c) 拱底加速度响应（监测点D）

图 4-7　隧道衬砌加速度响应（EI-central）

表 4-2　不同情况下隧道衬砌加速度响应情况统计表

波形	断层隧道 1/(m/s²)			断层隧道 2/(m/s²)			普通隧道/(m/s²)		
	拱顶	拱腰	拱脚	拱顶	拱腰	拱脚	拱顶	拱腰	拱脚
Taft 地震波	11.98	11.89	11.8	11.86	10.98	11.03	10.23	10.17	9.87
Linghe 地震波	10.04	10.06	9.89	9.35	9.32	9.10	8.99	8.92	8.76
EI-central 地震波	12.05	10.1	10.82	14.68	12.54	13.08	10.87	10.2	10.09

4.2.4　动土压力分布

由于地震中隧道衬砌的动土压力随着时间不断变化,对各隧道在 EI-central 地震波作用下的动土压力分布情况进行分析,如图 4-8 所示。图示可知:各隧道的动土压力相应在地震波 2s 时刻最为明显,在地震波 8s 时刻最弱,这与 EI-central 地震波的地震大小幅值变化比较接近(2s 附近为峰值时刻);在地震中,隧道拱圈两侧腰处的受力最大,拱顶和拱底的受力相对较小,因此在进行抗震设计时,这部分应该得到加强;从地震响应敏感程度上看,断层隧道 2 响应最为明显,普通隧道最弱,可见断层增加了隧道衬砌的受力,不利于隧道的抗震。

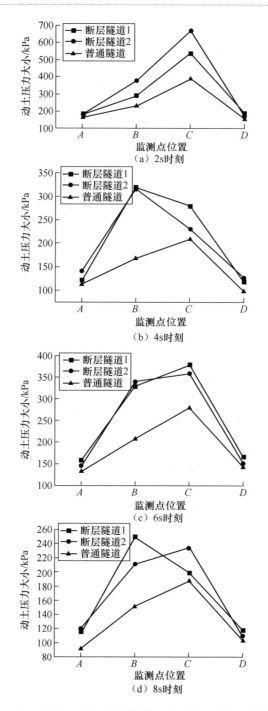

图 4-8 不同时刻、不同隧道类型围岩动土压力分布情况

4.2.5 隧道衬砌的最终破坏

与静力作用不同,地震的往复作用使衬砌受到较大的拉、压作用,而素混凝土的抗拉强度相对较低,更易发生受拉破坏。图4-9为不同隧道衬砌的最终破坏状态图,从衬砌的单元破坏状态可以看出,隧道衬砌的破坏都为受拉破坏,破坏位置主要在左、右两侧拱脚处以及拱圈底部和顶部两侧,断层隧道2的破坏范围最大,普通隧道的破坏范围最小,这与隧道的动力压力相应规律吻合。从本次数值模拟可以看出在高烈度强地震区的隧道应采用钢筋混凝土衬砌,以提高其抗拉破坏的能力。

(a) 断层隧道1衬砌破坏最终状态　　　(b) 断层隧道2衬砌破坏最终状态

(c) 普通隧道衬砌破坏最终状态

图4-9　各隧道衬砌的最终破坏图

4.3　本章小结

（1）隧道拱圈存在一定的加速度放大效应,加速度放大效应与输入的地震波及结构位置有关,其中拱顶放大效应最明显,拱腰和拱脚放大效应较小。

（2）地震时,隧道拱圈两侧腰处的受力最大,拱顶、拱底的受力相对较小,因此在进行抗震设计时,这部分应该得到加强;从地震响应敏感程度上看,断层隧道 2 响应最为明显,普通隧道最弱,即断层增加了隧道衬砌的受力,不利于隧道的抗震。

（3）与静力作用不同,地震的往复作用使衬砌受到较大的拉、压作用,而素混凝土的抗拉强度相对较低,更易发生受拉破坏,因此在高烈度强地震区的隧道应采用钢筋混凝土衬砌,以提高其抗拉破坏的能力。

第 5 章　地震作用下跨断裂带隧道振动台对比试验

受围岩的约束作用,隧道结构通常具有较好的抗震性能,然而大量事实表明,在遭遇强地震时位于断层破碎带附近的地下结构破坏较为严重。同时受断层高地应力影响,结构剪切变形较大,当穿越含水丰富的地区,将会引起隧道灾难性的破坏。目前,断层隧道的抗震设计已成为热点、难点问题,许多学者开展相关研究。其中,何川[29]通过试验及数值模拟,研究了断层隧道的内力分布规律和变形特点;Moradi[37]通过离心机试验得出增加地下结构厚度和降低围岩的刚度有利于防止结构的剪切破坏的结论;王铮铮[31]建立了静-动力联合分析模型,研究了高烈度断层隧道的损伤反应特征;崔光耀[38]通过试验探讨了断层滑错动时隧道在初衬和二衬间设置减震层的相关要求;蒋树屏[39]依据统计资料,采用数值分析法对不同埋深的隧道动力响应规律进行分析。

尽管取得了一些成果,但主要集中于某些特定工程,尚不足以完全揭示断层隧道的破坏机理和动力响应特性;同时我国现行规范对于遭遇断层的隧道多为定性描述,主要是基于避让原则加以规定,可操作性不强。由于隧道通常为生命线工程,保障断层隧道安全对人民生命财产、抢险救灾意义特别重大,需要深入研究。因此,通过断层隧道与普通隧道的振动台对比试验,分析了断层隧道衬砌裂缝的发展过程、加速度响应、应变大小以及围岩动土压力分布特点,试验结果为穿越断层隧道的抗震设计提供一定参考。

5.1 模型试验相似比的推导及选取

振动台模型试验、离心机试验以及爆破试验都是研究地下结构动力响应规律的试验手段。由于地下结构尺寸大、结构复杂,当前还难以采用全尺寸比例进行试验。从经济的角度,须对原型进行必要的缩放。在满足相似比的情况下,模型试验可以一定程度地反映原型结构基本力学特性和响应规律,常常用于验证理论以及数值模拟的计算结果可靠性。

5.1.1 相似关系的推导及适用范围

模型试验的相似比主要可以通过控制方程及量纲分析法获得,现阶段材料在弹性阶段动力条件下的相似关系已经比较完善,而在非线性、临近破坏阶段尚有些问题需要解决。为得到论文试验的相似比,下面将针对弹性阶段从控制方程法及量纲分析对材料相似关系进行推导。

5.1.2 依据量纲分析法推导

在量纲分析法(π定理)中,当某一物理现象涉及 n 变量,该物理现象的函数关系为 $f(x_1, x_2, x_3, \cdots, x_n) = 0$,选取 m 个基本变量,则可以通过$(n-m)$个无量纲的组合量π表示的关系式来描述该物理现象,即$f(\pi_1,\pi_2,\pi_3,\cdots,\pi_{n-m})=0$

在弹性阶段动力分析中,一点的应力状态可用下式表示:

$$f(\sigma,l,\rho,E,r,t,a,g,w,v)=0 \qquad (5-1)$$

式中　σ——应力;

　　　l——几何尺寸;

　　　ρ——密度;

　　　t——时间;

　　　a——加速度;

　　　g——重力加速度;

　　　w——圆频率;

　　　v——速度。

选取l、ρ及E为基本物理量,则根据量纲分析法可知[40-41]:

$$\pi_0=\frac{\sigma}{l^0 E^1 \rho^0}=\frac{\sigma}{E^1},\pi_1=\frac{l}{l^1 E^0 \rho^0}=1,\pi_2=\frac{\rho}{l^0 E^0 \rho^1}=1,\pi_3=$$

$\dfrac{E}{l^0 E^1 \rho^0}=1,\pi_4=\dfrac{r}{l},\pi_5=\dfrac{t}{l(\rho/E)^{0.5}},\pi_6=\dfrac{a}{E/(l\rho)},\pi_7=\dfrac{g}{E/(l\rho)},$

$\pi_8=\dfrac{\omega}{(E/\rho)^{0.5}/l},\pi_9=\dfrac{V}{(E/\rho)^{0.5}}$均为无量纲的量。让$(\pi_i)_m=(\pi_i)_p$,则下式成立。

$$C_\sigma=C_E, C_t=C_l(C_\rho/C_E)^{0.5} \qquad (5-2)$$

$$C_a=C_E(C_\rho C_l)^{-1},\quad C_g=C_E(C_\rho C_l)^{-1} \qquad (5-3)$$

$$C_w=(C_E/C_\rho)^{0.5}C_l^{-1},\quad C_V=(C_E/C_\rho)^{0.5} \qquad (5-4)$$

显然式(5-4)得到相似比的前提是应变不失真,经推导得到了约束方程 $C_E(C_\rho C_l)^{-1} = C_a = C_g$。

5.1.3 不同相似比的适用范围

对于振动台试验而言,试验模型也处于自重场下,重力相似比 $C_g = 1$,此时存在着模量、密度以及尺寸确定后约束方程难以满足的困境。对于离心机试验而言,其独特的构造使得 C_g 可以在较大范围内变化,能够满足约束方程,这正是该试验的优点。根据研究的自身情况,振动台试验主要有以下几种模型可以选择。

1. 弹性相似模型

弹性相似模型又称重力失真模型,该模型忽略重力效应的影响,考虑了惯性力与弹性恢复力之间的相似。此时相似比 C_E、C_ρ、C_l 可以自由选择,不必满足 $C_E(C_\rho C_l)^{-1} = C_g = 1$ 这一限制,给大质量、大尺寸的模型设计带来了极大的方便,此时的约束方程只需满足 $C_E(C_\rho C_l)^{-1} = C_a$。不过重力失真对应力分布存在一定影响,重力失真效应不宜过大。

2. 人工质量相似模型

为了解决弹性相似模型中重力失真的不利影响,在不影响结构刚度的情况下弥补重力效应的不足,使得 $C_E(C_\rho C_l)^{-1} = C_g = 1$,需增加的人工质量 m_a 满足下式[42]:

$$m_a = C_E C_l^2 m_p - m_m \tag{5-5}$$

3. 欠人工质量相似模型

张敏政等[42]提出了介于弹性相似模型与人工质量相似模型之间的一种相似模型,通过等效质量密度(考虑了结构质量、非结构质量以及活载的效应)相似比完成其他物理量的推导。

4. 弹性-重力相似模型

当充分考虑重力、惯性力以及弹性恢复力之间的相似关系,即满足约束方程 $S_E(S_\rho S_l)^{-1} = S_a = S_g = 1$,且满足 $S_\varepsilon = 1$,时称为弹性-重力相似模型。该模型对材料的选取非常严格,有时难以找到合适的相似材料。

5. 应变失真相似模型

上述相似模型都是建立在 $S_\varepsilon = 1$ 的基础上,当不考虑几何非线性引起的次生效应时,可将应变相似比 S_ε 作为设计控制参数,从而能够满足重力、惯性力以及弹性恢复力之间的相似,此时的约束方程为

$$\frac{C_\varepsilon C_E}{C_\rho C_l} = C_a = C_g = 1 \tag{5-6}$$

5.1.4 土工建筑物临近破坏阶段的相似定律

林皋院士[43]通过振动台试验及原型观测指出:土工建筑物震动破坏主要取决于材料的强度,模量的影响很小,在振动破坏阶段的抗力相似条件,可以采用摩尔-库仑强度准则。

$$\tau_f = \sigma \tan\varphi + c \tag{5-7}$$

式中　τ_f——土体抗剪强度;

　　　σ——法向正应力;

　　　φ——内摩擦角;

　　　c——黏聚力。

为使破坏状态相似,要求抗剪强度参数相似关系满足:

$$C_\varphi = 1, C_c = C_l C_\rho \tag{5-8}$$

林皋还指出:通常情况下可取 $\rho_p = \rho_m(C_\rho = 1)$,当采用小比例尺寸模型时,试验模型材料的黏聚力比原型小很多,试验模型中土工结构的破坏主要由摩擦力决定,黏聚力可近似相似。

由于土体模量随应变不断变化而变化,这就导致了相似设计的困难。采用重力相似,忽略了模量的影响,大大简化了土工建筑物动力破坏试验的模型设计。

5.2 穿越断裂带隧道模型试验基本情况

5.2.1 振动台和模型基本参数

隧道振动台试验在哈尔滨工程力学研究所的地震模拟振动台上进行,其基本参数为:振动台台面尺寸为 5m×5m,最大负荷质量 25t;最大位移:X、Y 向均为 0.1m,Z 向为 0.05m;三个方向的最大速度为 0.5m/s;X、Y 向最大加速度为 1.5g,Z 向最大加速度为 0.7g;振动台的正常工作频率范围为 0.5~50Hz。试验箱为普通刚性模型箱,其尺寸为 3.5m×1.5m×1.8m,试验隧道高度为 0.25m,宽度为 0.3m。每个管段长度为 0.5m,管段之间采用柔性连接,为得到跨断层隧道的动力响应规律,在 2#管段与 3#管段间设置断层,断层倾角 90°,走向与隧道轴向夹角为 30°。在 5#管段与 6#管段间也设置断层,断层倾角 90°,走向与隧道轴向夹角为 45°,具体布置如图 5-1 所示。

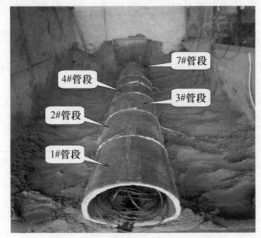

（a）隧道管段制作拼装图

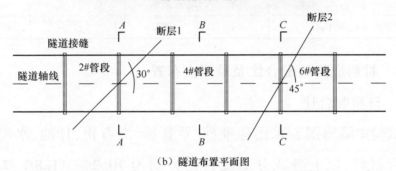

（b）隧道布置平面图

图 5-1 隧道振动台试验模型布置图

5.2.2 试验相似比

本次试验目的为研究跨断层隧道的动力特性及破坏机制，并不针对某一特定工程，假设存在试验模型放大 20 倍的工程原型，采用重力相似律及量纲分析法进行分析，选取密度、加速度、长度作为基本控制量，其中 $C_\rho = 1$，$C_l = 20$，由于原型和试验模型都处于同一自重场下，故加速度相似比 $C_a = 1$，其余物理量利用 π 定理导出。值得指出的是：缩放试验(含振动台、离心机等)的尺寸效应还难以消除，原型缩放不宜过大，以降低尺寸效应的影响；同时由于土体的复杂性，原型按照相似理论进行缩放后，很难找到完全满足所有相似比的试验材料，需根据试验目的进行判断，本书重点在于研究隧道的动力响应和裂缝的演化发展过程，侧重强度相似，弹性模量只是近似满足。表5-1为模型主要相似常数。

表5-1 模型主要相似常数

物理量	相似关系	相似常数	物理量	相似关系	相似常数
密度	C_ρ	1	内摩擦角	$C_\varphi = 1$	1
长度	C_l	20	黏聚力	$C_c = C_\rho C_l$	20
弹性模量	$C_E = C_\rho C_l$	20	时间	$C_t = C_l^{0.5}$	4.472
应变	$C_\varepsilon = 1$	1	频率	$C_f = 1/C_t$	0.223
加速度	$C_a = C_E C_l^{-1} C_\rho^{-1}$	1	速度	$C_v = C_E^{0.5} C_\rho^{-0.5}$	0.223

5.2.3 材料最终的配合比及监测点布置

1. 材料配合比

试验中隧道围岩采用标准砂、石膏粉、滑石粉、甘油、水泥和水的混合材料，以上各成分的配合比分别为70.2%、11.8%、7.2%、0.03%、0.57%和10.2%，节理断层宽3cm，采用松散的中砂填充，通过实验室进行相关力学参数试验，得到围岩、断层及衬砌的力学参数，如表5-2所列。

表5-2 模型材料物理力学参数

材料	重度/(kN/m³)	弹性模量/MPa	泊松比	黏聚力/kPa	内摩擦角/(°)	抗拉强度/kPa
围岩	21.0	40	0.36	40	27	10.5
断层	19.5	10	0.38	2	26	2
衬砌	25.0	28×10³	0.20①	2130	51.6	900

① 为经验值。

2. 监测点布置

为得到隧道衬砌的加速度、动土压力、应变响应规律,在1#、3#及5#管段衬砌四周设置相应的监测计,其具体位置如图5-2所示,其中应变片(环向及纵向)均贴着衬砌内侧,动土压力盒紧贴着衬砌外侧。

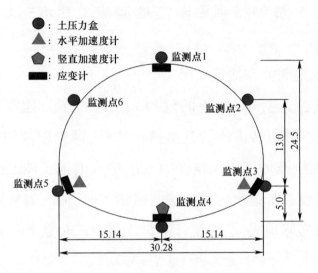

图 5-2 传感器布置图(单位为 cm)

5.2.4 模型边界条件及试验工况

1. 模型箱边界处理

在振动台试验中模型箱效应对试验结果影响较大,为尽量消除这种不利影响,保证模型箱能再现自由场结构的地震响应规律,本书在模型箱内壁四周添加聚苯乙烯泡沫柔性材料吸收边界波,以此模拟土的边界,根据 Soong 建立的等效阻尼 C_d 及等效刚度 k_d 模型,通过试验方法进行测定。

$$c_d = G''V/\omega h^2, \quad k_d = G'V/h^2 \qquad (5-9)$$

式中　V——体积；

　　　G'——柔性材料的存储剪切模量；

　　　h——柔性材料厚度；

　　　G''——柔性材料损耗剪切模量；

　　　ω——土体和模型箱的自震频率。

通过计算最终得到聚苯乙烯泡沫柔性填充材料的厚度为18.5cm。

2. 输入地震波和加载工况

本次试验选择2008年的汶川-卧龙波作为地震激励，利用0.05g白噪声得到结构体的基本振动特性，试验中汶川-卧龙波从0.2g开始逐级施加，直至加载到1.0g，输入的地震波工况如表5-3所列。当地震波加速度为双向或三向输入时，输入的地震波均为监测站记录的实际地震波，据统计资料表明地震时竖直向加速度峰值

表5-3　地震波输入工况

工况	地震波类型	地震加速度峰值	工况	地震波类型	地震加速度峰值
1	白噪声	0.05g	11	汶川-卧龙波	0.6g(XYZ)
2	汶川-卧龙波	0.2g(Y方向)	12	汶川-卧龙波	0.7g(YZ)
3	汶川-卧龙波	0.2g(YZ)向	13	汶川-卧龙波	0.7g(XYZ)
4	汶川-卧龙波	0.3g(Y方向)	14	汶川-卧龙波	0.8g(YZ)
5	汶川-卧龙波	0.3g(YZ向)	15	汶川-卧龙波	0.8g(XYZ)
6	汶川-卧龙波	0.4g(Y方向)	16	汶川-卧龙波	0.9g(YZ)
7	汶川-卧龙波	0.4g(YZ向)	17	汶川-卧龙波	1.0g(YZ)
8	汶川-卧龙波	0.5g(YZ向)	18	汶川-卧龙波	0.8g(XYZ)
9	汶川-卧龙波	0.5g(XYZ向)	19	汶川-卧龙波	0.9g(XYZ)
10	汶川-卧龙波	0.6g(YZ向)	20	汶川-卧龙波	1.0g(XYZ)

与水平向加速度峰值比值接近 1/3~2/3，因此试验竖直向（Z 向）加速度峰值按水平向（Y 向）加速度峰值的 1/3 后加载，其中图 5-3 显示的为模型试验输入 0.8g 地震波时的水平向加速度曲线。

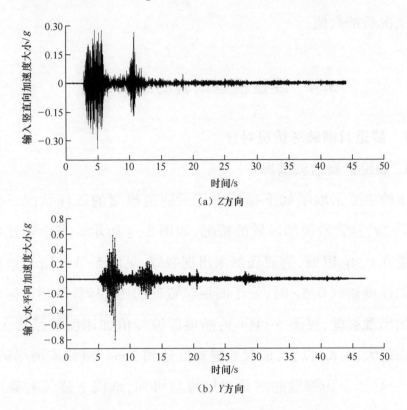

图 5-3　模型试验输入的水平向加速度曲线（0.8g）

5.3　隧道模型试验现象

由于试验数据较多，本书主要针对 1#管段和过断层的 5#管段进行比较，分别得到普通隧道和断层倾角为 90°、走向与隧道轴向夹角为 45°的断层隧道的动力响应特点。为叙述方便，将 1#管段称为普通隧道,将5#管段称为断层隧道。需指出:由于试验时输入地震幅值由小到大,加速度响应、应变、动土压力等均有累积效应,为避免这种效应带来的影响,本文所列图表的数值大小都为扣除上一步加载工况后的数值。

5.4 隧道模型试验的结果分析

5.4.1 隧道衬砌破坏情况对比

1. 裂缝扩展监测情况

试验主要采取了如下措施来记录隧道模型的破坏状况。摄像头记录2#、3#管段顶部区域的情况,如图5-4所示。当地震波峰值加速度在$0.4g$以前,隧道底部未出现裂缝,见图5-4(a);当地震波峰值加速度达到$0.5g$时,处于断层位置处的2#、3#管段隧道衬砌底部开始出现裂缝,见图5-4(b);随地震波峰值加速度继续增大,裂缝越来越大;$0.8g$以后,最大裂缝宽度达到2mm,但并未坍塌破坏,见图5-4(c)。由裂缝的演化发展过程可知,地震下隧道衬砌底部内侧最易发生破坏。

2. 模型接缝处情况对比

图5-5为地震结束后隧道和接缝的变形情况,可以看出:1#管段和2#管段的隧道接缝在地震后错动很小,小于1mm;穿越断层1的2#管段和3#管段的隧道接缝错动最为明显,达到13mm,过大的变形将严重影响隧道的行车安全;穿越断层2的5#管段和6#管段的隧道接缝错动距离位于中间,大约为6mm。由试验现象可知,断

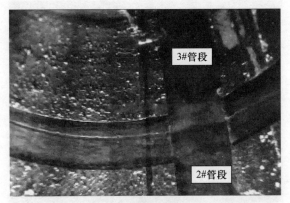
(a) 裂缝未出现

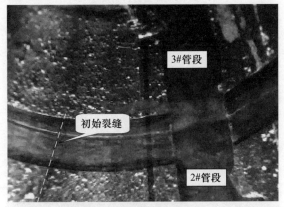
(b) 裂缝开始出现

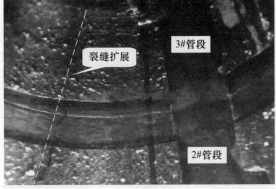
(c) 裂缝扩大

图 5-4　2#、3#管段底部视频监控截图

82　▶　第 5 章　地震作用下跨断裂带隧道振动台对比试验

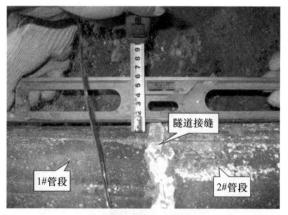

（a）1#与2#管段衬砌接缝

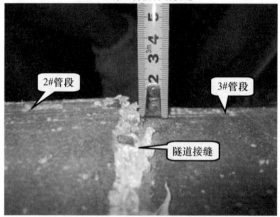

（b）2#与3#管段衬砌接缝

（c）4#与5#管段衬砌接缝

图 5-5　隧道破裂变形情况

层 1 对隧道纵向的不均匀沉降最为明显,断层 2 次之,无断层的普通隧道最少。显然存在着断层走向与隧道纵向夹角越小、对隧道影响越大的特点,这需要引起工程师的足够重视。

3. 隧道衬砌最终破坏状态对比

从图 5-6 为地震作用后 1#管段的破坏情况上看,只有腰部外侧产生了细小裂缝,其余部分均未发现裂缝,裂缝的发展方向主要从衬砌的外侧向内侧方向发展。

(a) 顶部

(b) 腰部

图 5-6 衬砌的最终破坏状态(1#管段)

图 5-7 为地震作用后 3#管段的破坏情况,由图可知:3#管段在地震中产生的裂缝较多,主要位置位于衬砌顶部、腰部和底部。其中,顶部裂缝内侧宽度大于外侧,裂缝由内向外发展;腰部裂缝外侧大于内侧,裂缝由外向内发展;底部裂缝内侧大于外侧,裂缝发展方向由外向内;腰部裂缝的缝宽最大,顶部次之,底部最小。

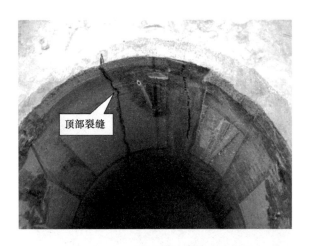

(a) 顶部

(b) 腰部

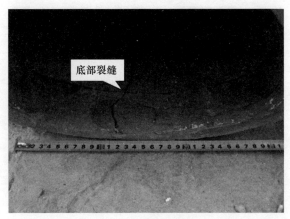

(c) 底部

图 5-7 衬砌的破坏状态(3#管段)

图 5-8 为 5#管段在地震作用下的最终破坏状态,可以看出:5#管段裂缝主要出现于衬砌腰部和底部。同 3#管段一样,5#管段腰部裂缝的发展方向由外向内,底部裂缝由内向外。

将以上三种位于不同围岩环境的衬砌裂缝进行比较后可知:穿越断层 1 的 3#管段裂缝出现位置最多、缝宽最大,普通隧道的衬砌裂缝发育最少;从裂缝的发展方向上看,衬砌顶部和底部内侧更容易发生破坏,裂缝由内向外扩展;腰部裂缝则相反,裂缝由外向内扩展。

4. 加速度响应

为了得到穿越断层隧道的加速度响应规律,将 1#、3#以及 5#管段的加速度数据进行统计,分析普通隧道、断层隧道响应的异同点。为便于比较,输入的水平向地震波峰值为 $0.6g$,竖直向加速度峰值为 $0.2g$。

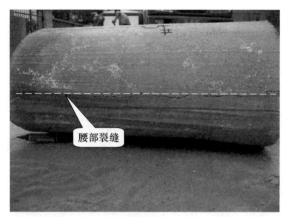

（a）腰部

（b）底部

图 5-8　衬砌的最终破坏情况（5#管段）

1）1#管段

从 1#管段衬砌的加速度响应情况上看（见图 5-9），监测点 3 和监测点 5 的水平加速度大小都接近于 $6\mathrm{m/s^2}$，与输入地震波峰值接近，其中监测点 5 的峰值大小略大于监测点 3。从 1#管段的最终破坏状态上看（见图 5-6），裂缝位于衬砌左侧，正好与监测点 5 位置对应，显然监测点的加速度数据与破坏现象吻合。从傅里叶谱幅值

5.4 隧道模型试验的结果分析 87

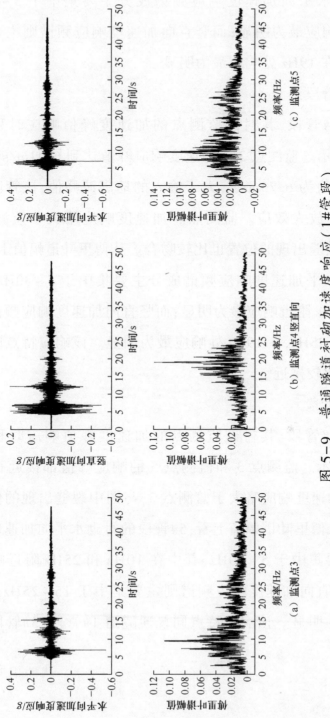

图 5-9 普通隧道衬砌加速度响应（1#管段）

上看,衬砌水平向加速度响应频谱成分主要集中于 5～30Hz,在 10Hz 附近响应最为明显;而竖直向加速度响应频谱则主要集中于 10～25Hz,在 19Hz 处响应最为明显。

2) 3#管段

对于 3#管段,其衬砌监测点的加速度峰值响应时程曲线如图 5-10 所示。监测点 3 的加速度响应峰值达到 6.41m/s^2,监测点 5 的响应峰值为 6.73m/s^2,大于输入的地震波峰值,该管段存在一定的加速度放大效应。监测点 5 加速度响应略大于监测点 3,与图 5-7 中裂缝出现的位置也比较吻合。从傅里叶谱幅值上看,3#管段的衬砌水平加速度响应频谱成分主要集中于 5～30Hz,其中在 10Hz 和 25Hz 附近响应最为明显;而竖直向加速度响应频谱则主要集中于 15～25Hz,在 19Hz 处响应最为明显。该响应特点同普通隧道 1#管段比较接近。

3) 5#管段

对于 5#管段,其衬砌监测点的加速度峰值响应时程曲线如图 5-11 所示。监测点 3 和监测点 5 的响应峰值都接近 6m/s^2,且监测点 5 加速度响应略大于监测点 3,与图中裂缝出现的位置也比较吻合。从傅里叶谱幅值上看,5#管段的衬砌水平向加速度响应频谱成分主要集中于 5～30Hz,其中在 10Hz 和 25Hz 附近响应最为明显;而竖直向加速度响应频谱则主要集中于 15～25Hz,在 19Hz 处响应最为明显。该响应特点同普通隧道 1#管段、3#管段都比较接近。

5.4 隧道模型试验的结果分析 89

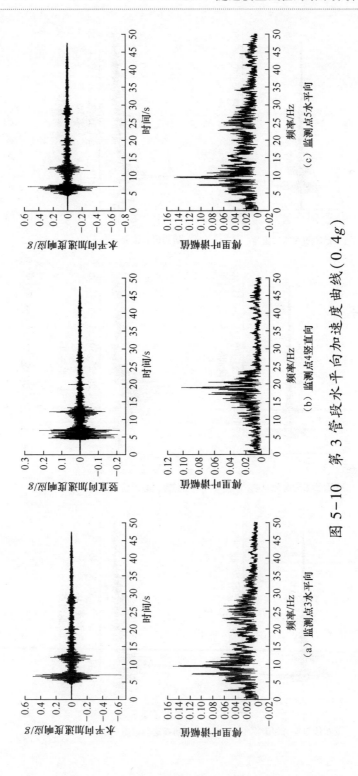

图 5-10 第 3 管段水平向加速度曲线（0.4g）

第5章 地震作用下跨断裂带隧道振动台对比试验

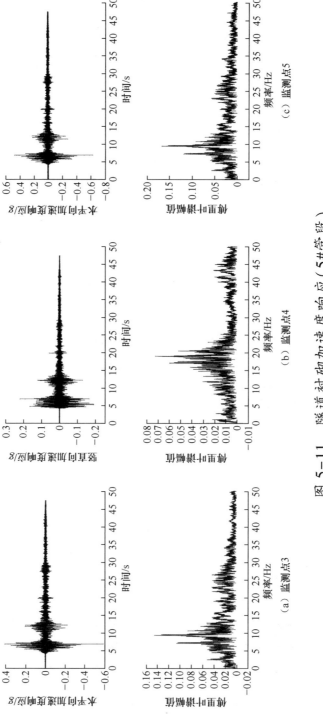

图 5-11 隧道衬砌加速度响应（5#管段）

4)管段各工况峰值加速度

为了更好地体现不同围岩环境对衬砌加速度的影响情况,将不同地震峰值条件下各管段的加速度峰值响应情况进行统计,具体见图5-12。从图中可以看出:随着输入地震作用增大,监测点的加速度响应也增大,在0.8g以后3#管段和5#管段的监测点3和监测点5水平加速度响应规律发生突变,表明此时衬砌的物理特性发生了较大变化,据推测该现象与衬砌裂缝的演化发展密切相关,衬砌可能临近破坏状态;而1#管段的加速度响应变化较小,主要原因在于该管段的衬砌裂缝发展较小、破坏不明显,物理特性变化不大。

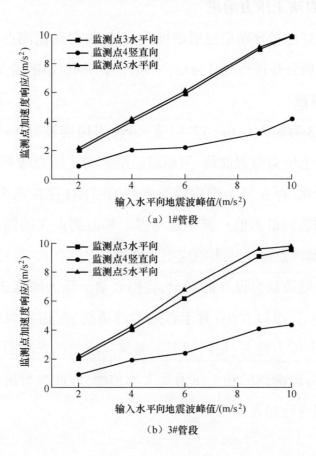

(a) 1#管段

(b) 3#管段

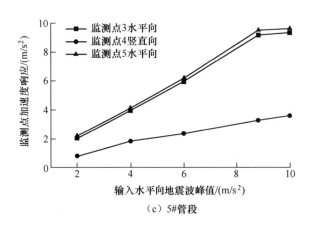

(c) 5#管段

图 5-12　监测点水平向加速度响应情况(5#管段)

5.4.2　围岩动土压力响应

为了更好地指导断层隧道的抗震设计,将衬砌监测点的动土压力时程以及峰值分布进行统计分析,下面针对不同管段的情况进行讨论。

1. 1#管段

图 5-13 为输入 0.6g(YZ 向输入)汶川地震波时 1#管段衬砌监测点 1 的动土压力时程曲线,可以看出围岩动土压力随着地震作用变化而不断变化,存在两个响应较为强烈的时刻(存在两个峰值,在地震峰值时刻达到最大值),其中监测点 1 和监测点 3 的围岩动土压力较小,其余监测点动土压力响应更为剧烈。

为保证隧道动力设计的安全,将围岩动土压力峰值进行统计,如图 5-14 所示。可以看出:对于普通的隧道而言,输入的地震作用越大,围岩动土压力越大;相同情况下断层隧道的围岩动土压力要大于普通隧道;衬砌两侧的动土压力要大于顶部,因此进行抗震设计时需对衬砌两侧进行加强处理。

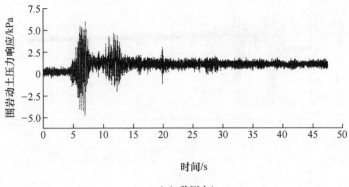

(a) 监测点1

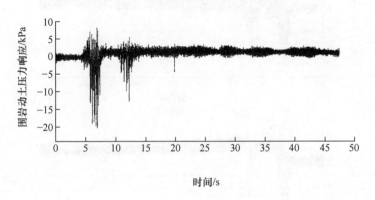

(b) 监测点2

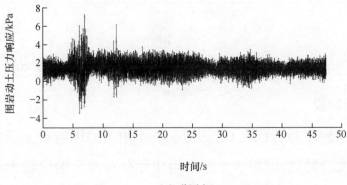

(c) 监测点3

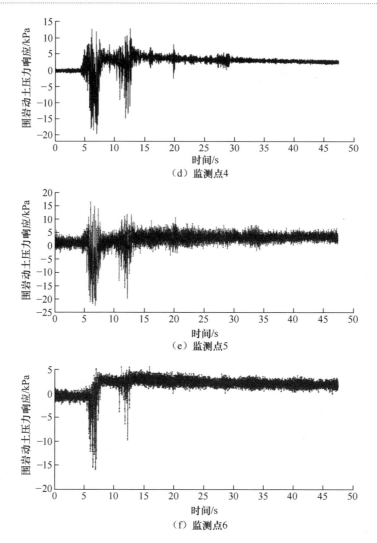

图 5-13　1#管段的围岩动土压力响应情况(0.6g)

2. 3#管段

图 5-15 为 3#管段在 0.6g 地震波作用下的围岩动土压力响应情况,同 1#管段类似,围岩动土压力同样存在着两个响应较为强烈的时刻,14s 以后动土压力趋于稳定,其中监测点 3 的数值最小,监测点 5 的数值最大。

5.4 隧道模型试验的结果分析   95

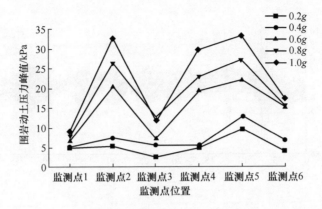

图 5-14　1#管段衬砌围岩峰值动土压力分布

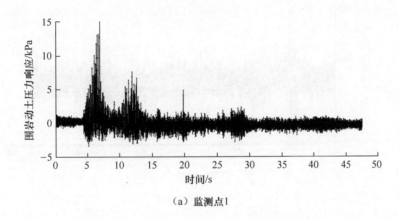

（a）监测点1

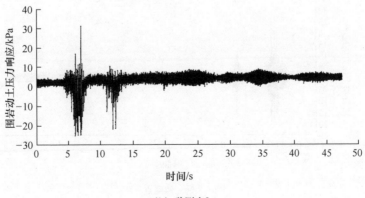

（b）监测点2

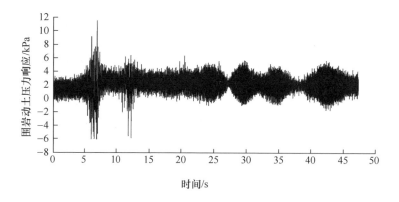

（c）监测点3

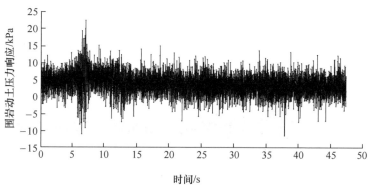

（d）监测点4

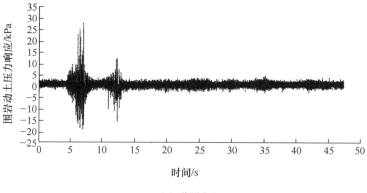

（e）监测点5

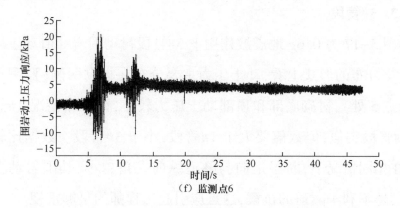

(f) 监测点6

图 5-15　3#管段的围岩动土压力响应情况(0.6g)

图 5-16 为 0.6g 地震波作用下 3#管段衬砌围岩峰值动土压力分布。从分布的形式上看,动土压力主要分布在衬砌两侧(监测点 2 和监测点 5 处),衬砌底部和顶部动土压力较小,该分布情况同普通隧道(1#管段)类似,但数值要大于普通隧道,数据表明在相同情况下断层将增加隧道衬砌震中的响应,不利于隧道的抗震。因此在进行隧道选址时应尽量避免穿越断层,对于穿越断层部分应该进行加强处理。

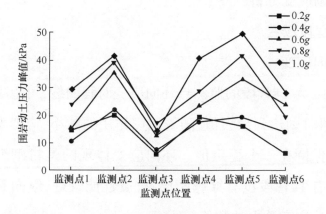

图 5-16　3#管段衬砌围岩峰值动土压力分布

3. 5#管段

图 5-17 为 0.6g 地震波作用下 5#管段衬砌围岩峰值动土压力分布。从分布的形式上看,动土压力主要分布在衬砌两侧(监测点 2 和监测点 5 处),衬砌底部和顶部动土压力较小,该分布情况 1#管段以及 3#管段类似,但数值要大于 1#管段,小于 3#管段。数据比较后表明:在相同情况下,断层走向与隧道纵向夹角越小,其围岩动土压力越大,越不利于隧道的抗震,这点应引起工程师的足够重视。

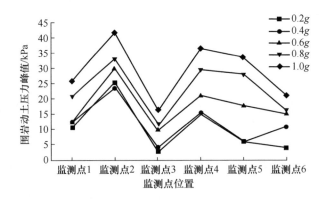

图 5-17　5#管段衬砌围岩峰值动土压力分布

5.4.3　衬砌应变分析

1. 1#管段应变

1) 环向应变

图 5-18 为 1#管段的监测点环向应变时程曲线,可以看出应变在地震的峰值时刻达到最大值,随着地震作用的减小,应变发生一定的回弹,最终保持在一个稳定值。环向应变体现的是衬砌纵向裂缝的发展情况,有 1#管段没有穿越断层,抗震性能较好,纵向裂缝发展较少,因此环向应变数据的数值较小。

5.4 隧道模型试验的结果分析

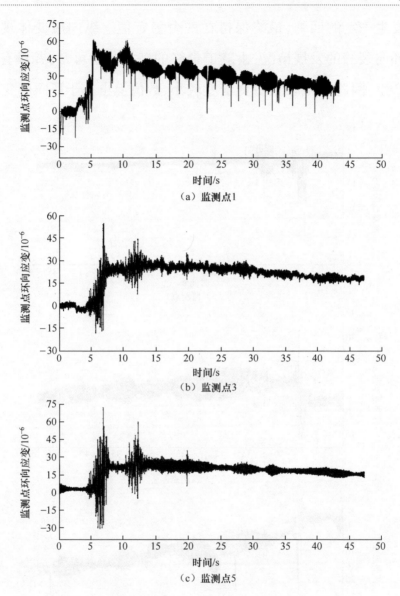

图 5-18 1#管段的环向应变时程曲线(0.6g)

2) 纵向应变

图 5-19 为 1#管段的监测点纵向应变响应情况,同环向应变类似,纵向应变在地震的峰值时刻达到最大值,随着地震作用的减小,

应变发生一定的回弹,最终保持在一个稳定值。纵向应变体现的是衬砌环向裂缝的发展情况,由隧道最终的破坏状态可知,并没有环向裂缝产生,因此 1#管段的纵向应变较小,数值上也小于环向应变。

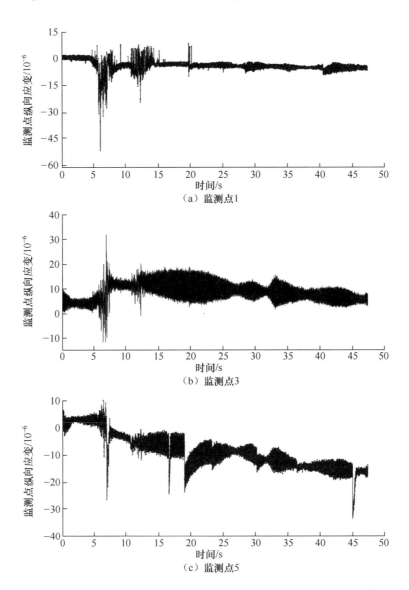

图 5-19　1#管段的监测点纵向应变时程曲线(0.6g)

2. 3#管段应变

1) 环向应变

图 5-20 为 3#管段的监测点环向应变响应情况,监测点的环向应变在地震的峰值时刻达到最大值,随着地震作用的减小,应变发生一定的回弹,最终保持在一个稳定值。由于 3#管段穿越断层 1,断层对隧道抗震性能影响较大,在衬砌底部、顶部以及左腰侧均产生了纵向裂缝,因此环向应变数值大于 1#管段。需指出的是,由于监测点 4 位于衬砌底部中央,同裂缝产生的位置有一定偏差,因此数据偏小。

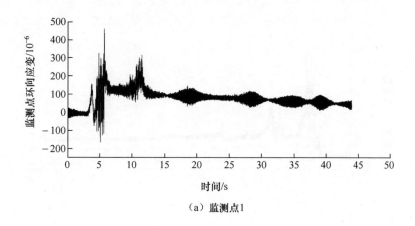

(a) 监测点1

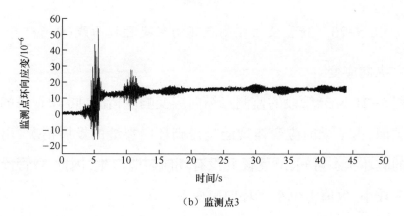

(b) 监测点3

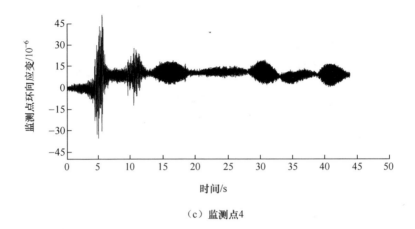

(c) 监测点4

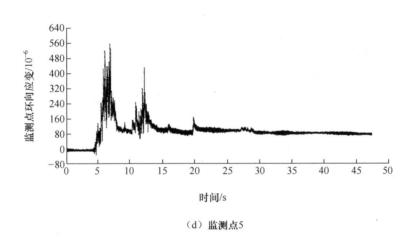

(d) 监测点5

图 5-20　3#管段的监测点环向应变时程曲线(0.6g)

2) 纵向应变

图 5-21 为 3#管段的监测点纵向应变响应情况,同 1#管段的纵向应变类似,由于纵向应变体现的是衬砌环向裂缝的发展情况,由隧道最终的破坏状态可知,3#管段并没有环向裂缝产生,因此 3#管段的纵向应变较小,数值上也小于环向应变。

5.4 隧道模型试验的结果分析　103

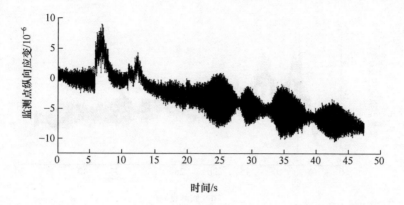

（a）监测点1

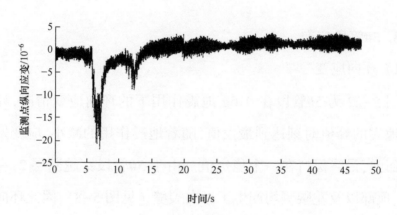

（b）监测点3

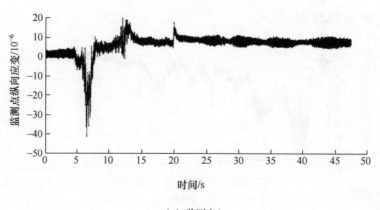

（c）监测点4

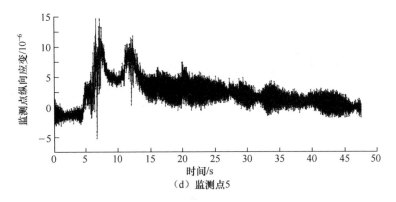

(d) 监测点5

图 5-21　3#管段纵向应变时程曲线(0.6g)

3. 5#管段应变

1) 环向应变

图 5-22 为 5#管段在 0.6g 地震作用下的环向应变情况,环向应变在地震的峰值时刻达到最大值,随着地震作用的减小,应变发生一定的回弹,最终保持在一个稳定值。由于 5#管段穿越断层 2,在衬砌底部、顶部以及左腰侧均产生了纵向裂缝（见图 5-8）,因此环向应变数值大于 1#管段但小于 3#管段。由于监测点 4 应变片损坏,因此没有该监测点的数据。

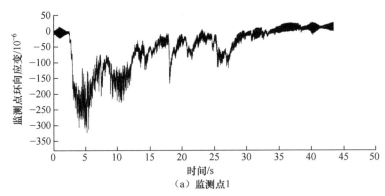

(a) 监测点1

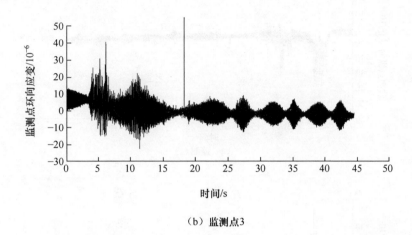

(b) 监测点3

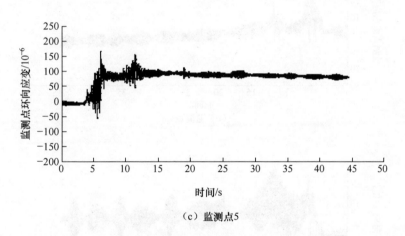

(c) 监测点5

图 5-22 5#管段环向应变时程曲线(0.6g)

2) 纵向应变

图 5-23 为 5#管段的监测点纵向应变响应情况,同 1#管段、3#管段的纵向应变响应规律类似,由于纵向应变体现的是衬砌环向裂缝的发展情况,由隧道最终的破坏状态可知,5#管段并没有环向裂缝产生,因此 5#管段的纵向应变较小。

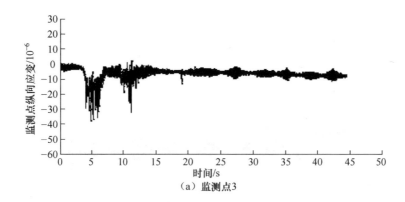

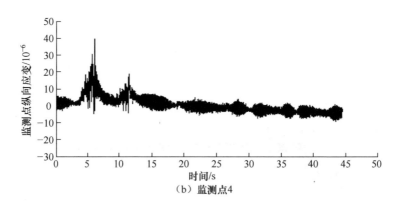

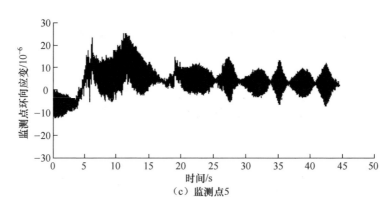

图 5-23　5#管段纵向应变时程曲线(0.6g)

5.4.4　各管段的应变

为了更好地分析不同围岩环境下各管段的应变响应情况,将各监测点的应变进行统计,如表 5-4 所列,由于试验中部分应变片损坏(如监测点 4),造成部分数据缺失。从表 5-4 的环向峰值应变分析可知:除少数数据外,穿越断层的 3#管段、5#管段的数据明显大于穿越普通隧道的 1#管段,数据表明断层的存在将增大隧道衬砌的动力响应程度,不利于隧道抗震;相同情况下,3#管段应变数据大于 5#管段,表明断层走向与隧道纵向夹角越小,隧道的动力响应越大,隧道的抗震设计需要加强;三种隧道类型都是监测点 1 的应变数值较大,这与隧道衬砌不同位置裂缝发展方向相吻合,即衬砌顶部裂缝由内向外,腰部由外向内,紧贴着衬砌内侧的监测点 1 数值较大(监测部位为衬砌顶部)。

表 5-4 环向峰值应变对比

位置	加速度大小	监测点 1	监测点 3	监测点 4	监测点 5
3#管段	0.2g	138	41	47.2	122
	0.4g	158	39	49.8	197
	0.6g	450	54.1	50.2	543
	0.8g	530	98	67.3	632
5#管段	0.2g	196	21.5	—	90
	0.4g	252	27.5	—	82.5
	0.6g	375	49.7	—	168.8
	0.8g	393	49	—	181
1#管段	0.2g	78.8	15.5	—	52.2
	0.4g	84.3	22.7	—	59.8
	0.6g	60.2	57	—	70.4
	0.8g	68.7	74.6	—	130

从纵向峰值应变(见表 5-5)分析,其大小也随地震作用增大而增大,普通隧道同断层隧道两者数值相差不大,同表 5-4 比较后可知

纵向峰值应变要普遍小于环向应变,这与试验中没发现横向裂缝的现象相吻合。

表 5-5 纵向峰值应变对比

位置	加速度大小	监测点 1	监测点 3	监测点 4	监测点 5
3#断层隧道	0.2g	9.2	15.5	23.3	11.7
	0.4g	12.3	21	37.7	13.3
	0.6g	11	23	41	15.1
	0.8g	17.8	29.8	52.5	19.7
5#断层隧道	0.2g	—	12.5	19.8	15.6
	0.4g	—	40.1	27.8	27.8
	0.6g	—	38.7	42.9	28.8
	0.8g	—	43.3	41.2	27.5
1#普通隧道	0.2g	35.5	—	7.8	29.8
	0.4g	48	—	16.8	33.9
	0.6g	53	—	34.1	35.2
	0.8g	73	—	21.2	25.6

5.5 本章小结

本章通过振动台对比试验探讨了穿越断层隧道的动力响应和破坏规律,得出以下研究结论:

(1)一方面,当遭遇高烈度、强地震作用时,断层隧道接缝处易产生较大错动,对隧道安全造成威胁,因此处于地震频发地区的断层隧道接缝处理;另一方面,断层走向与隧道纵向夹角越小越不利于隧道,隧道的动土压力以及应变响应更为剧烈,这点应引起工程师重视。

（2）隧道衬砌在水平地震作用下存在一定的加速度放大效应，相同情况下普通隧道地震响应程度要低于断层隧道；当衬砌结构临近破坏时，加速度放大效应系数将发生突变。

（3）从断层衬砌裂缝的发展方向分析得出，顶部和底部裂缝由内向外发展，腰部裂缝由外向内发展；断层隧道裂缝数量明显多于普通隧道，后者抗震性能更好。

（4）三种隧道类型的围岩动土压力都存在两侧大、上下小的特点，应对衬砌两侧进行加强处理；相同情况下，断层隧道的受力及应变比普通隧道更大，进行隧道抗震设计时须结合围岩特点，保证隧道安全。

第6章　沉管隧道接头地震响应及失效机理

当前,沉管隧道的接头方式比较复杂,受力机制不明确,在确保隧道工程质量的前提下,应尽量降低整体隧道的接头数量。沉管接头根据刚度可以分为刚性接头、柔性接头和半刚半柔接头。通常情况,刚性接头采用水下灌筑混凝土形成,其接头刚度与沉管管段本体基本一致。而隧道柔性接头是最为典型的沉管接头型式,要求在确保管段接头水密性的前提下允许接头适应较大的变形。在地震区,接头的构造应在柔性接头的基础上增加一些部件,满足一定的抗拉、抗压、抗剪和抗弯的能力。接头的设计和处理技术是沉管隧道的关键技术之一,其接头技术涉及地基的不均匀沉降、大回淤、高水压、沉船、车辆荷载、潮水变化、混凝土收缩和徐变等因素。建立合理反映沉管隧道接头力学性能的模型及其解析表达式,是指导沉管隧道抗震设计的理论基础。

当前,许多学者开展了沉管接头动力特性的研究。其中,刘鹏[44]依托港珠澳沉管隧道工程,建立了三维实体连续有限元模型,对这条深水超长沉管隧道在地震作用时接头处的内力和位移情况,以及止水带的压缩与变形进行深入分析,得到了地震作用时沉管隧道接头处的相对位移；张如林[45]建立了沉管隧道上方无回淤土和有回淤土两种计算条件下的土-沉管隧道体系的大型三维精细化有限元计算模型。在计算模型中考虑了沉管接头非线性、土与隧道间的接触非线性和土层介质非线性等特征；唐英[46]对沉管隧道接头的端钢壳、止水带、水平向剪切键、竖直向剪切键提出了详尽的设计和计算方法；严松宏等[47]针对南京沉管隧道采用多质点-弹簧模型进行纵向抗震分析，计算中基于经验估计分别考虑接头刚接、铰接和弹性连接三种情况；Anastasopoulos 等[48]对强震区深水条件下某沉管隧道建立了三维精细化接头模型，并进行非线性抗震分析。

尽管取得了许多成果，但有限的研究尚不能满足工程实际的需求，另外关于沉管隧道接头结构的动力稳定性研究尚未见报道。基于此，本书建立了三维沉管接头结构数值分析模型，考虑了周围土体的动应力-应变特点以及结构-土体相互作用关系，首次将强度折减动力分析法引入到沉管接头的稳定性分析中，研究成果为沉管隧道的工程建设提供了重要参考。

6.1 数值模型和接头处理

沉管接头是沉管管段之间的连接构件。由于接头部位的刚度比正常管段小得多，整个沉管隧道的不均匀沉降等变形都集中到接头部位，使接头部位成为受力和变形的焦点。正常管段的强度和刚度大，耐久性、安全性均较好，因此接头成为整个沉管隧道中最薄弱且非常关键的环节,同时也是制约沉管结构抗震设计的关键。

6.1.1 管段结构受力模型

20世纪60年代以来随着橡胶止水带的出现,柔性接头在沉管隧道中的运用越来越广泛。柔性接头适用于地质条件差、地震活动频繁、抗震设防烈度高的地区,我国采用沉管法施工的大型公路隧道如宁波常洪隧道、上海外环线沉管隧道、广州仓头-生物岛沉管隧道以及生物岛-大学城沉管隧道等均采用了这种形式的接头。柔性接头主要由端钢壳、GINA止水带、Ω止水带、剪切键等组成,如图6-1所示。其中GINA止水带是沉管隧道接头密封防水及安全的重要屏障,其工作状态是反映接头结构寿命和沉管隧道止水安全性能的关键。GINA止水带能很好地适应管段不均匀沉降所产生的变形,具有良好的止水效果。柔性接头的轴向压力由GINA止水带来抵抗,因此压缩量是描述和评价GINA止水带状态最敏感的参数,接头的压缩刚度和压缩量可以通过对GINA橡胶止水带的特性、形状以及高度等指标进行设计来调整。

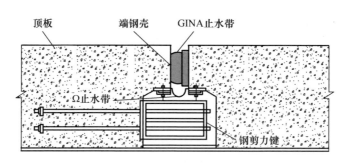

图6-1 管段接头示意图

根据沉管隧道接头的构造和受力特点进行简化,即沉管隧道接

头的轴向压力由 GINA 止水带来抵抗,一般存在以下基本假定:

(1) 由于沉管隧道接头管段位置顶板、底板及侧墙厚度、刚度远大于接头处的 GINA 止水带,将接头断面假定为不产生挠曲变形的刚性板。

(2) 沿周边布置的 GINA 止水带可看作分布于顶板、底板和侧墙位置处的四个只受压不抗拉的弹簧。根据上述简化计算假定,以钢板和弹簧元件建立沉管隧道接头结构力学模型,如图 6-2 所示。图中: K_A 为接头断面顶板布置 GINA 止水带简化后的只受压不受拉弹簧; K_B 为接头断面中性轴上部侧墙布置 GINA 止水带简化后的只受压不受拉弹簧; K_C 为接头断面底中性轴下部侧墙布置 GINA 止水带简化后的只受压不受拉弹簧; K_D 为接头断面底板布置 GINA 止水带简化后的只受压不受拉弹簧; a、b、c、d 分别为弹簧 $K_A \sim K_D$ 到中性轴的距离。

根据所建立的接头结构力学模型,并考虑初始条件的影响,即在所建立的接头力学模型中,将由水力压接引起的轴向压力作为外部力施加在离中性轴距离为初始偏心距 e_0 的位置上,从而得出如图 6-3 所示的接头结构受力分析模型。需要说明的是,港珠澳沉管隧道施工中采用水力压接及预应力技术,即依靠管段水下对接排水后作用在后端封墙上的巨大水压以及张拉在锚索的预应力将管段推向前方,使 GINA 止水带产生压缩变形,起到止水作用。由于水力压接引起轴向压力,沉管隧道接头始终保持在压紧状态,即接头上各点的位移始终为压缩。

根据图 6-3 所示的简化力学分析模型,可以得到沿接头断面周

边布置的 GINA 止水带所受压力为

$$F_n = K_G S_{Fn}$$

式中　K_G——弹簧刚度；

　　　F_n——第 n 根弹簧受力；

　　　S_{Fn}——第 n 根弹簧对应变形（即接头材料变形）。

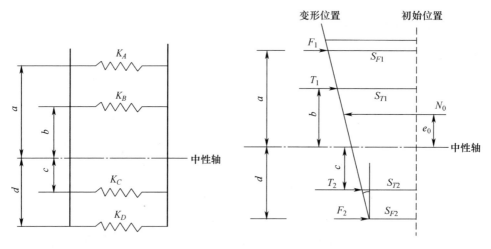

图 6-2　接头结构力学模型　　　图 6-3　接头结构分析模型

6.1.2　管段接头力学模型简化

本书以港珠澳大桥沉管隧道为工程依托，港珠澳沉管隧道的接头主要由 GINA 橡胶止水带、端钢壳、竖直向和水平向剪力键组成。GINA 属于高度非线性的弹性体并且在接头处受到压缩、扭转、剪力和复合作用，变形与受力特性比较复杂，如果要精确地反映接头力学性能，需要建立庞大的接头三维精细化模型，费时费力。因此，本书对沉管隧道接头力学模型进行了必要的简化。根据国内外学者试验证实[49]，GINA 止水带的加载变形曲线常被简化为两阶段的双折线模型,如图6-4所示。根据该双折线弹性本构模型,GINA需要用超弹性模型来模拟。由于在FLAC3D软件中并不存在超弹性材料模型,将GINA作为实体单元,利用自编的FISH语言在弹性模型基础上进行了必要改进,将GINA弹性刚度K分成两部分,当GINA压缩量小于13cm时,材料刚度为$K_1 = 2.39 \times 10^5 \text{kN/m}$,当GINA压缩量达到13cm时,材料刚度为$K_2 = 7.98 \times 10^5 \text{kN/m}$。

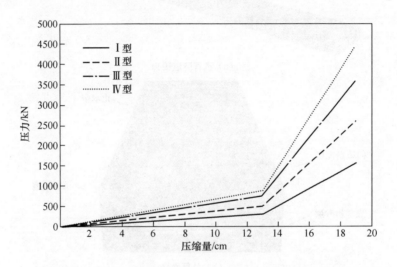

图6-4 不同类型GINA止水带压缩特性曲线

6.1.3 三维数值分析模型

为得到海底沉管隧道在深厚软土中受地震作用的动力响应情况及隧道接头的变形破坏情况,须建立三维数值分析模型。其中每根沉管管段长180m,横截面长37.95m,高11.4m,侧壁与顶板、底板厚度为1.5m,中间管廊侧板厚度为1.2m,选取沉管埋深15m进行分析,沉管周围土体从上到下依次为回填淤泥层、回填碎石层、底部粗砂层。因整个管段建立起来的三维模型网格过大,计算效率很低,为简化计算,选取沉管的典型截面进行分析,如图 6-5 所示。其中,图 6-5(a)为沉管管段结构,为便于分析将隧道接头 GINA 止水带两侧分别记为 1#管段和 2#管段。

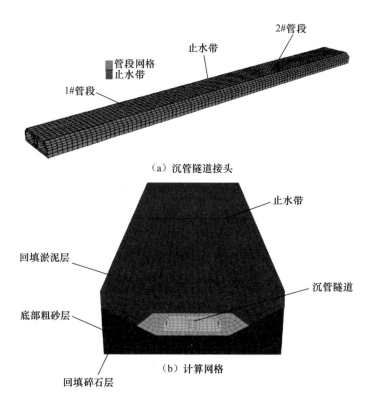

图 6-5　沉管隧道三维计算模型

6.2　动力本构关系和阻尼选取

6.2.1　土体动力本构关系

1. 修正的 Hardin-Drnevich 本构模型

传统的黏弹性 Hardin-Drnevich 模型存在一定的不足之处,即

当剪应变 $\gamma \to \infty$ 时,动剪应力 $\tau \to \infty$,同时也不能考虑岩土体在动力作用下的永久变形,这与实际情况不符。在传统黏弹性本构模型基础上,陈国兴、庄海洋根据大量的试验结果对 Hardin-Drnevich 模型进行了必要修正,提出了可以考虑土体动力塑性应变的本构模型,该修正模型同样被 FLAC$^{3D[50]}$ 所采用,其应力-应变曲线如图 6-6 所示。本书将采用修正的 Hardin-Drnevich 本构模型进行地震作用下黏性土的动力计算。

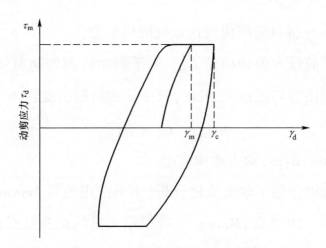

图 6-6 应力-应变滞回曲线

该修正模型的应力-应变曲线可以分成弹性阶段和塑性阶段,在一次循环中主要是通过对比剪切应变 γ_c 与 γ_m,具体见式(6-1)和式(6-2)。

(1) 在弹性阶段,$\gamma_c < \gamma_m$ 时

$$\frac{G}{G_{\max}} = \frac{1}{1+\dfrac{|\gamma|}{\gamma_{\text{ref}}}}, \tau(\gamma) = G\gamma = \frac{G_{\max}\gamma}{1+\dfrac{|\gamma|}{\gamma_{\text{ref}}}} \tag{6-1}$$

(2) 在塑性阶段，$\gamma_c \geq \gamma_m$ 时

$$\frac{G}{G_{max}} = \frac{1}{\left(1 + \frac{\gamma_m}{\gamma_{ref}}\right)\frac{|\gamma|}{\gamma_m}}, \quad \tau(\gamma) = \frac{G_{max}\gamma}{\left(1 + \frac{\gamma_m}{\gamma_{ref}}\right)\frac{|\gamma|}{\gamma_m}} \quad (6-2)$$

式中　G——材料动剪切模量；

　　　γ——动剪应变；

　　　γ_{ref}——Hardin-Davidenkov 模型的参考应变，且 $\gamma_{ref} = \tau_{ref}/G_0$；

　　　γ_m——材料滞回曲线拐点处的应变值；

岩土体的最大剪切模量 G_{max} 等于初始时刻的动剪切模量 G_0，其大小可以由剪切波速 V_s 求得（其中 ρ 为材料密度）：

$$G_{max} = G_0 = \rho V_s^2 \quad (6-3)$$

2. Martin-Byrne 动力本构模型

对于地震作用下砂土液化分析，本书采用的是 Martin-Byrne 动力本构模型。1975 年，Martin[51]等根据大量的试验数据提出模型，该模型能够计算循环荷载引发的体应变 ε_{vd}、剪应变 γ_d 以及体应变增量 $\Delta\varepsilon_{vd}$ 三者之间的关系，如下式所示：

$$\Delta\varepsilon_{vd} = C_1(\gamma_d - C_2\varepsilon_{vd}) + \frac{C_3\varepsilon_{vd}^2}{\gamma_d + C_4\varepsilon_{vd}} \quad (6-4)$$

式中　$C_1 \sim C_4$——试验拟合的四个参数。

Byrne[52]在前人的基础上，同样根据大量的试验，将 Martin 等提出的上述模型进行了必要的简化，他认为体应变增量 $\Delta\varepsilon_{vd}$ 与体应变 ε_{vd}、剪应变 γ_d 三者的关系可以表示为

$$\Delta \varepsilon_{vd}/\gamma = C_1 e^{(-C_2 \varepsilon_{vd}/\gamma)} \tag{6-6}$$

式中　C_1 和 C_2——试验拟合参数。

系数 C_1 和 C_2 与标准贯入锤击数 N 之间满足以下关系：

$$C_1 = 8.7N^{-1.25}, \quad C_2 = 0.4/C_1 = 0.04598N^{1.25} \tag{6-7}$$

6.2.2　阻尼选取

模型材料阻尼采用瑞利阻尼，采用瑞利阻尼时，式(6-8)中的阻尼矩阵 C 与质量矩阵 M 和刚度矩阵 K 呈线性关系：

$$C = aM + \beta M \tag{6-8}$$

$$a = \frac{2w_i w_j}{w_j^2 - w_i^2}(w_j \lambda_i - w_i \lambda_j), \quad \beta = \frac{2w_i w_j}{w_j^2 - w_i^2}\left(-\frac{\lambda_i}{w_j} + \frac{\lambda_j}{w_i}\right) \tag{6-9}$$

一般常假定 $\lambda_i = \lambda_j = \lambda$，此时可以得到 $a = 2\lambda w_1 w_2/(w_1 + w_2)$ 及 $\beta = 2\lambda/(w_1 + w^2)$。

6.2.3　流固耦合作用

由于沉管隧道埋置于深厚软土中，上覆较深海水，存在固-液相互作用，两者相互作用关系如下式所示：

$$\tilde{\sigma}_{ij} + a\frac{\partial P}{\partial t}\delta_{ij} = H(\sigma_{ij}, \varepsilon_{ij} - \varepsilon_{ij}^T, \kappa) \tag{6-10}$$

式中　δ_{ij}——Kronecker 因子；

σ_{ij}——应力；

$\tilde{\sigma}_{ij}$——应力增量；

ε_{ij}——总应变；

H_{ij}——给定本构函数；

κ——时间因子；

ε_{ij}^T ——由温度引起的应变率,T 为温度满足下式:

$$\varepsilon_{ij}^T = a_t \frac{\partial T}{\partial t}\delta_{ij} \qquad (6-11)$$

6.3 整体式钢筋混凝土等效模型

为探讨海底隧道沉管在复杂环境下的破坏特点,本书提出了整体式钢筋混凝土等效模型,该模型根据沉管的结构特性及其受力特点,认为主要受力钢筋为沉管环向钢筋,忽略纵向钢筋在承载中的作用[53]。根据沉管结构特性及其受力特点,认为主要受力钢筋为沉管环向钢筋,忽略纵向钢筋在承载中的作用,钢筋混凝土材料承受的剪力 S 等于钢筋剪力 S_s 和混凝土剪力 S_c 之和[54]:

$$S = S_c + S_s \qquad (6-12)$$

当混凝土首先达到剪切破坏时,等效材料承受的剪力为

$$S = (c + \sigma \tan\varphi)A \qquad (6-13)$$

式中　c、φ——材料的抗剪强度指标;

　　　A——剪切面面积。

此时混凝土处于极限平衡状态,所承受的剪力 S_c 和剪应力 τ_c 可以分别为

$$\tau_c = c_c + \tan\varphi_c \qquad (6-14)$$

$$S_c = A_c(c_c + \tan\varphi_c) \qquad (6-15)$$

式中　c_c、φ_c——混凝土的抗剪强度指标;

　　　A_c——混凝土剪切面积。

假设钢筋与混凝土变形协调,钢筋的剪应变 γ_s 与混凝土的剪应变 γ_c 相等。根据剪应变定义,混凝土的剪应变为

$$\gamma_s = \gamma_c = \frac{\tau_c}{G_c} = \frac{c_c + \tan\varphi_c}{G_c} \quad (6-16)$$

此时钢筋的受力可以表示为

$$S_s = \gamma_s G_s A_s = \gamma_c G_s A_s = G_s A_s \frac{c_c + \tan\varphi_c}{G_c} \quad (6-17)$$

式中 G_s 和 A_s——钢筋的剪切模量和面积。

等效材料的剪力 S 可以表示为

$$S = A_c(c_c + \tan\varphi_c) + G_s A_s \frac{c_c + \tan\varphi_c}{G_c} \quad (6-18)$$

由式(6-17)和式(6-18)经推导后,等效材料的 c 和 φ 可以分别表示为[54]:

$$c = \left[1 + \left(\frac{G_s}{G_c} - 1\right)v_s\right]c_c, \quad \varphi = \arctan\left\{\left[1 + \left(\frac{G_s}{G_c} - 1\right)v_s\right]\tan\varphi_c\right\} \quad (6-19)$$

同理按应变相等原理,当承受拉力作用时,经计算等效材料的抗拉强度 σ_t 可以表示为[3]

$$\sigma_t = \left[1 + \left(\frac{E_s}{E_c} - 1\right)v_s\right]\sigma_{tc} \quad (6-20)$$

式中 E_s——钢筋的弹性模量;

E_c——混凝土的弹性模量;

v_s——钢筋混凝土配筋率。

当凝土拉伸屈服后,钢筋混凝土材料的拉应力全部由钢筋承

担,此时钢筋混凝土等效材料抗拉强度 σ_t 表示为

$$\sigma_t = \sigma_{ts} v_s \quad (6-21)$$

6.4 监测点位置及力学参数

6.4.1 模型情况

为得到土体和混凝土结构在地震下的动力响应规律,在黏土层设置监测点 $A_1 \sim A_3$,淤泥质黏土层监测点为 $C_1 \sim C_4$,隧道顶部、腰部监测点分别为 $B_1 \sim B_4$ 及 $D_1 \sim D_5$,具体位置见图6-7(a)。为得到沉管隧道在渗流、地震共同作用下的动力响应规律,在管段设置了监测点 $E_1 \sim E_3$,见图6-7(b)。

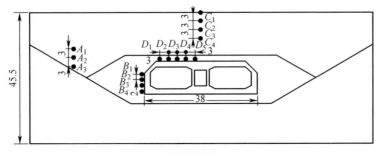

(a) 沉管周围土体

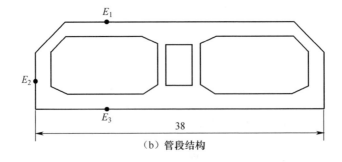

(b) 管段结构

图6-7 监测点位置示意图(单位为m)

沉管与周围土体的相互作用采用 FLAC^{3D} 软件中无厚度接触单元 interface 进行模拟,接触面的强度参数 c_{inter} 和 φ_{inter} 取结构-土体相交处土体参数的 0.8 倍。动力计算时黏性土采用黏弹性,砂土和混凝土结构采用局部阻尼两种形式。由于地质类材料临界阻尼比范围一般为 2%~5%,对于结构材料而言为 2%~10%[9],在参考相关文献后,黏性土阻尼比取 4%,取结构的计算频率 0.2~10Hz,此时阻尼系数 $a=0.016$,$\beta=0.008$。砂土和混凝土结构的阻尼比分别为 5% 和 7%。将沉管管段的顶、底板作为监测重点,按配筋率结合上述式(6-19)进行换算,得到等效材料的 c 值和 φ 值,其中作为管段顶板上下两层钢筋混凝土等效单元配筋率分别为 3.6%、8.5%。

6.4.2 基本力学参数

数值计算中将回填砂、底部砂土视为可液化土层,其余土体视为非液化土层,砂性土采用上文介绍的 Martin-Byrne 动力本构模型,黏性土体则采用上文介绍的修正的 Hardin-Davidenkov 模型,钢圆筒防浪堤中视为弹性材料,材料的物理力学参数如表 6-1 及表 6-2 所列。

表 6-1 材料的物理力学参数

材料名称	干密度/(kg/m³)	弹性模量/MPa	泊松比	内摩擦角/(°)	抗拉强度/kPa	黏聚力/kPa	剪切波速/(m/s)
黏性土	1400	10	0.45	9	0	14	101
底部砂土层	1350	60	0.37	33	0	0	272
钢筋	7850	200000	0.2	0	360000	210000	—
混凝土	2500	34500	0.2	58	1830	5000	—
钢圆筒	7850	200000	0.2	—	—	—	—

表 6-2 材料渗流及液化计算参数

材料名称	渗透系数/(cm/s)	孔隙率	标贯数 N	C_1	C_2
黏性土	$2.87×10^{-7}$	0.5	—	—	—
回填砂	$5.00×10^{-2}$	0.57	10	0.489	0.818
底部砂层	$2.66×10^{-2}$	0.47	16	0.2719	1.471

表 6-2 中 C_1、C_2 为试验拟合参数,是式(6-6)对应的拟合系数。

6.4.3 输入地震波

进行数值模拟时,输入三种地震波,即 Kobe 地震波、EI-centro 地震波和 Linghe 地震波,三种地震波的峰值大小均为 $0.2g$,输入均为双向输入,其中竖向地震波峰值大小为水平向峰值的 0.5 倍,三种地震波形如图 6-8 所示。

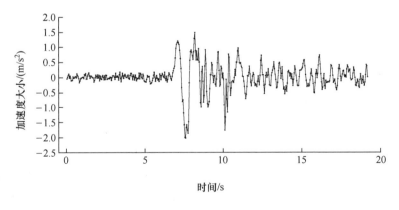

(a) Linghe 地震波

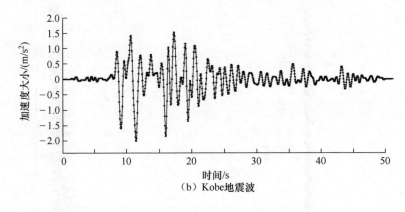

(b) Kobe地震波

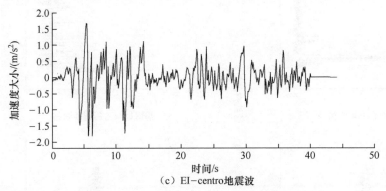

(c) EI-centro地震波

图 6-8　输入地震波时程曲线

6.5　管段接头处结构动力响应

将上述三种地震波作用下的管段结构及周围土体动力响应规律进行归纳。

6.5.1　管段加速度响应

沉管管段结构在地震作用下的加速度响应规律,对沉管动力特性分析、结构设计至关重要。图 6-9 给出了峰值 $0.2g$ 的 Kobe 地震

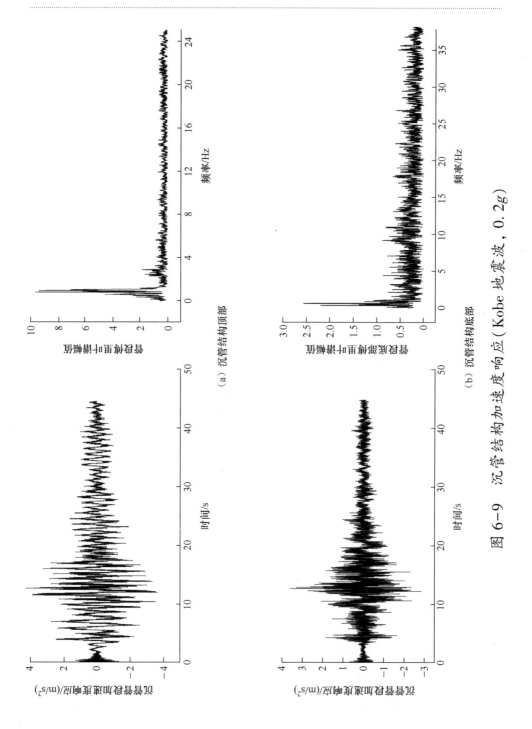

图 6-9 沉管结构加速度响应（Kobe 地震波，0.2g）

波作用下,管段结构加速度响应情况。从监测点加速度大小上看,管段顶部峰值大小为 $4.3m/s^2$,管段底部峰值大小为 $3.8m/s^2$,均大于输入地震波峰值 $0.2g$,存在加速度放大效应,管段顶部放大效应为 2.15 倍,底部为 1.9 倍;从监测点傅里叶谱幅值上看,管段结构傅里叶谱在 $0\sim 3Hz$ 范围响应剧烈,高频部分响应并不明显,管段顶部在低频部分响应大于底部,而在高频部分小于管段底部。

图 6-10 为在峰值 $0.2g$ 的 Linghe 波作用下,管段结构加速度响应情况。从监测点加速度大小上看,管段顶部峰值大小为 $9.5m/s^2$,管段底部峰值大小为 $7.6m/s^2$,同样大于输入地震波峰值 $0.2g$;从管段结构傅里叶谱幅值上看,管段结构傅里叶谱在 $2.5Hz$ 附近响应剧烈,管段底部在高频部分的幅值大小明显大于管段顶部。

图 6-11 为峰值 $0.2g$ 的 Taft 地震波作用下,沉管管段结构加速度响应情况。从图可以看出:管段结构加速度响应具有放大效应,管段顶部放大效应为 1.9 倍,管段底部放大效应为 1.7 倍;管段傅里叶谱在 $0\sim 15Hz$ 范围内响应明显;在相同情况下,管段顶部傅里叶谱幅值在低频部分高于管段底部,而在高频部分响应程度低于管段底部。显然可以看出,管段结构加速度响应同样具有低频放大、高频减小的特点。

6.5.2 管段动土压力大小

图 6-12 给出了峰值为 $0.2g$ 三种地震波作用下管段水平向动土压力响应情况,其中监测点 $B_1\sim B_4$ 位置见图 6-12(a)。可以看出,监测点的动土压力值与输入地震波密切相关,在地震波峰值时刻附近达到最大值;地震峰值时刻过后,围岩动土压力逐渐降低,最

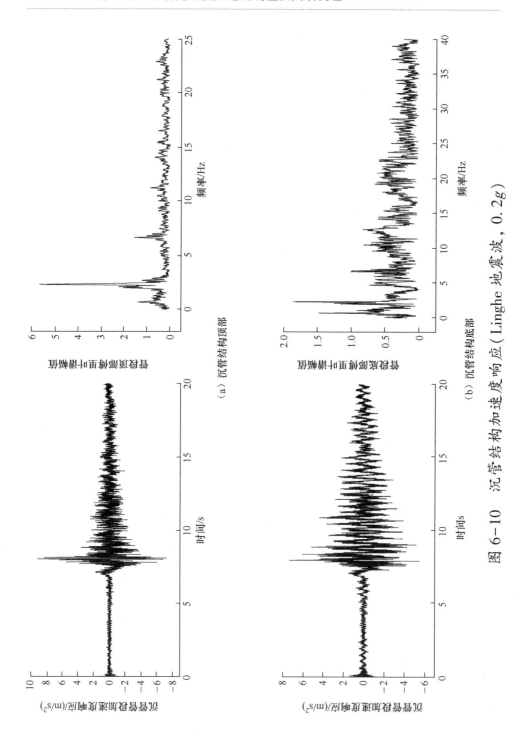

图 6-10 沉管结构加速度响应（Linghe 地震波，0.2g）

6.5 管段接头处结构动力响应

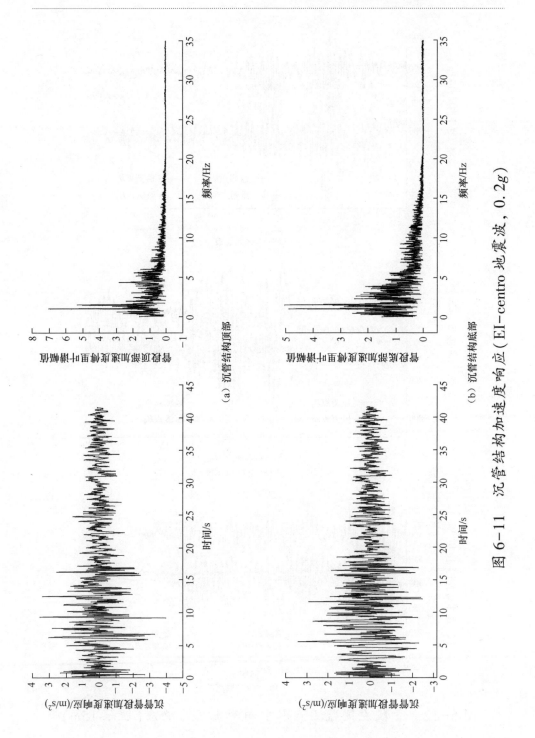

图 6-11 沉管结构加速度响应（EI-centro 地震波，0.2g）

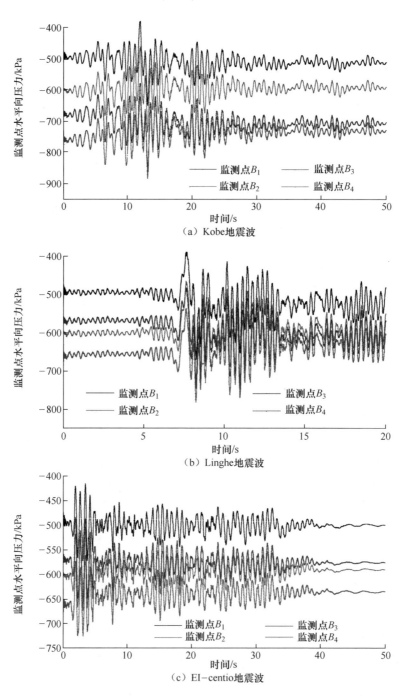

图 6-12 管段左侧监测点水平向动土压力响应(埋深 15m)

终围岩压力与初始围岩压力接近;不同地震波作用下,围岩动土压力并不相同,相同情况下Kobe地震波作用下的围岩动土压力最明显。

将不同地震波作用下管段围岩顶部竖直向围岩压力进行对比,如图6-13所示。数据表明:沉管管段竖直向动土压力同水平向动土压力响应比较类似,都与输入地震波时程密切相关,在地震波峰值时刻附近动土压力达到最大值;相同情况下,Kobe地震波作用产生的竖直向动土压力最大;在地震结束时,除Linghe地震波外,其他两种地震波作用下的竖直向动土压力都接近于初始时刻竖直向压力,主要原因为输入的Kobe地震波和El-centro地震波的主要能量出现在时程的前部分,而Linghe地震波正好相反,地震主要能量集中于7s以后,因此Linghe地震波作用下管段围岩的竖直向动土压力在时程后部分响应明显。

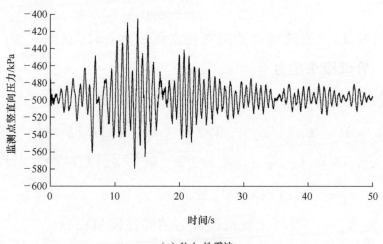

(a) Kobe地震波

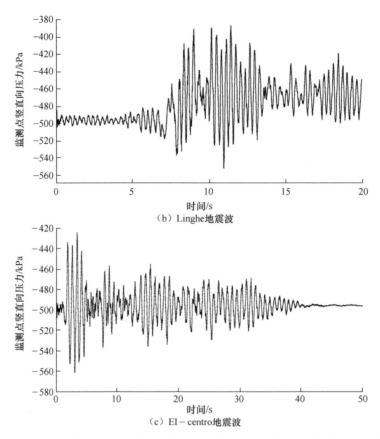

图6-13 管段顶部监测点竖直向压力时程(监测点D_2)

6.5.3 管段接头轴力

沉管隧道管段弯矩可以由下式[29]进行计算：

$$M = (\varepsilon_1 - \varepsilon_2)E_c W/2 = (\varepsilon_1 - \varepsilon_2)E_c bh^2/12 \quad (6-22)$$

$$N = (\varepsilon_1 + \varepsilon_2)E_c A/2 = (\varepsilon_1 + \varepsilon_2)E_c bh/2 \quad (6-23)$$

式中：ε_1、ε_2——管段内外侧应变值；

E_c——混凝土管段换算后的弹性模量；

h——管段厚度；

b——宽度。

计算沉管弯矩时,对结构进行了适当简化。首先利用数值模拟得到管段钢筋混凝土内外侧应变值,将沉管顶板、底板、左右两侧侧板视为梁单元,再按照式(6-22)及式(6-23)得到管段顶板、底板和侧板的弯矩和轴力响应情况。这种做法忽略了管段各板之间的变形协调和内力重分布,计算结果偏大,偏于安全,考虑到该港珠澳工程的重要性,这种做法是可取的。

图 6-14 给出了三种地震波作用下管段接头轴向力时程曲线,数据表明:管段轴向力在震中主要呈增长趋势,震后轴向力保持稳定值,三种地震波作用下管段最终轴向力都接近于 40MN。

6.5.4　接头处管段弯矩

图 6-15 给出了 $0.2g$ 峰值时 Kobe 地震波和 Taft 地震波作用下管段左侧板弯矩响应情况,震前由于土压力作用,沉管左侧板内侧受拉、外侧受压,结构弯矩较小;当输入地震波后,由于地震往复作用,左侧板弯矩正负方向不断变化,侧板内外侧均受拉、压循环作用;在输入地震波峰值时刻附近,侧板弯矩达到最大值,震后结构弯矩降低,数值接近于初始值。

由于数据较多,为更好指导工程实践,将在峰值 $0.2g$ 地震作用下、管段不同位置处弯矩响应峰值绝对值进行统计,如表 6-3 所列。数据表明不同地震波作用下管段受力并不相同,其中 Kobe 地震波作用最大,Taft 地震波最小;管段不同位置弯矩峰值并不相同,其中顶板和底板位置处受力最大,左右侧板受弯矩较小,因此在进行沉管隧道配筋时,顶板、底板需提高配筋率,以此保证工程安全。

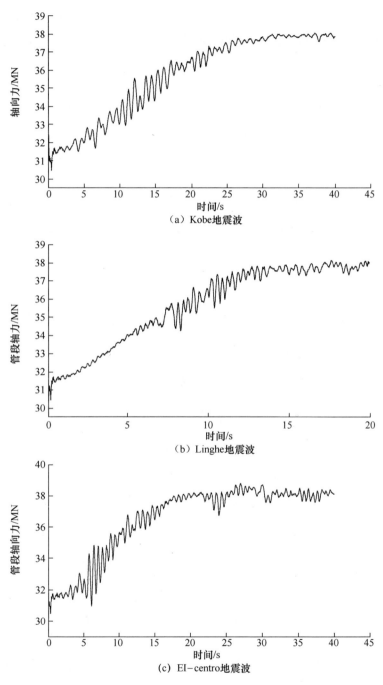

图 6-14 管段轴向力时程曲线

6.5 管段接头处结构动力响应　　135

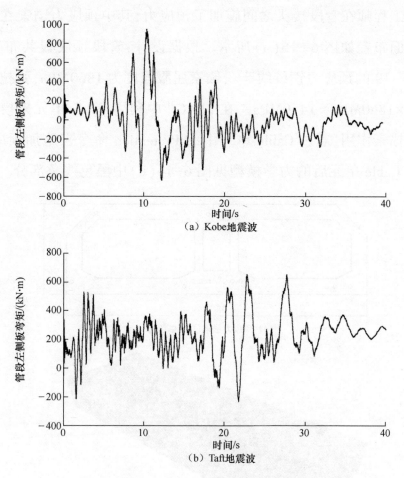

图 6-15　管段弯矩响应时程曲线

表 6-3　管段不同位置处弯矩响应峰值(0.2g)

项目	顶板 /(kN·m)	左侧板 /(kN·m)	底板 /(/kN·m)	右侧板 /(kN·m)
Kobe 地震波	4670	960	3130	880
Taft 地震波	3890	643	2780	710
Linghe 地震波	4210	750	3080	805

6.5.5　预应力锚索受力分析

为避免沉管隧道在运营期间接头错动,发生大变形导致渗漏现象。工程师在管段接头之间施加了预应力,其中预应力锚索在接头横断面布置如图 6-16(a)所示。根据设计,管段顶底板共布置 40 孔 15-19 的预应力钢绞线[55],锚索屈服强度为 1860MPa,张拉应力 0.78×1860MPa≈1450MPa。在 FLAC^{3D} 中利用 Cable 单元来模拟预应力锚索作用,通过 Cable 单元中的 Pretention 命令来施加预应力,施加 Cable 单元后的力学模型见图 6-16(b)中黑色线条部分。

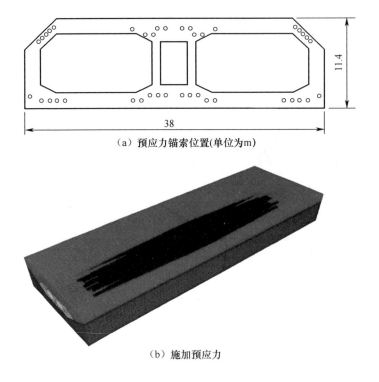

(a) 预应力锚索位置(单位为m)

(b) 施加预应力

图 6-16 沉管预应力施加示意图

图 6-17 给出了 Linghe 地震波作用下,管段顶部预应力响应情况。数据表明,在震前施加预应力后,由于锚索预应力对管段产生压力,导致管段接头处的 GINA 止水带发生弹性压缩,预应力锚索

也发生一定收缩变形,产生一定的预应力损失。地震作用后,锚索预应力开始增长,在震后保持稳定值。总体而言,锚索预应力变化很小,主要原因在于管段纵向刚度大,地震作用下变形小,因此锚索预应力能保持稳定。将其他两种地震波进行统计也可得到类似结论,这里不再赘述。

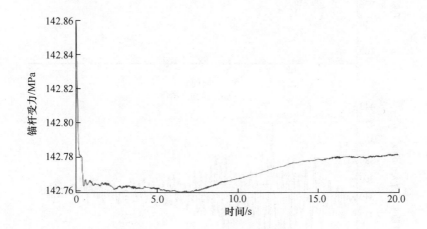

图 6-17 预应力锚索时程曲线(Linghe 地震波)

6.5.6 液化分析

本书根据参考文献[56]利用超孔隙水压比 r_u 来描述土体液化情况,其中 r_u 满足:

$$r_u = 1 - \frac{\sigma'_m}{\sigma'_{mo}} \tag{6-24}$$

式中 σ'_{mo} ——土体的初始有效应力;

σ'_m ——计算中的有效应力。

当土体的有效应力为 $\sigma'_m \leqslant 0$,即 $r_u \geqslant 1.0$ 时,土体进入液化状态。

将监测点 $B_1 \sim B_3$ 对应的孔隙水压力进行统计,如图 6-18 所

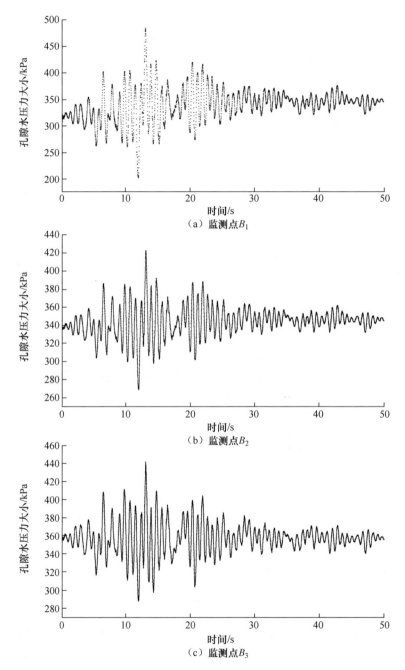

图 6-18　监测点孔隙水压力时程曲线(Kobe 地震波)

示。可以看出,监测点孔隙水压力大小随着地震波而变化,在地震波的峰值时刻达到最大值,在30s后保持稳定,震后孔隙水压力大于初始水压力。

图6-19给出了$B_1 \sim B_3$监测点对应的孔压比。由(6-23)式可知,当孔压比r_u大于1时,土体发生液化。可以看出,测点$B_1 \sim B_3$的孔压比在接近地震波的峰值13s时刻达到最大值,随着地震进行,孔压比降低,在30s后孔压比保持稳定。从孔压比的数值结果分析,$B_1 \sim B_3$监测点的最大孔压比r_u都小于0.25,达不到液化标准$r_u \geqslant 1.0$,监测点处的土体并没有发生液化。

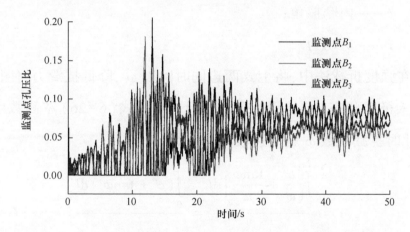

图6-19 回填碎石土处各监测点孔压比(Kobe地震波)

6.6 管段接头处动力稳定性分析

6.6.1 强度折减动力分析法

传统边坡静力稳定分析根据力或力矩的平衡来计算安全系数,

将安全系数 w 定义为滑动面的总抗滑力(矩)与总下滑力(矩)的比值[57]:

$$w = \frac{s}{t} = \frac{\int_0^l (c + \tan\varphi) \mathrm{d}l}{\int_0^l \tau \mathrm{d}l} \quad (6-25)$$

式中　　S——抗滑力;

t——下滑力;

c——黏聚力;

φ——内摩擦角;

τ——剪切力。

在强度折减法中,将上式两边同时除以 ω,降低抗滑力,使得边坡进入极限状态(总抗滑力等于总下滑力,式(6-26)左侧数字为1),此时折减系数 ω 就为边坡安全系数[15]。

$$1 = \frac{\int_0^l \left(\frac{c}{w} + \frac{\tan\varphi}{w}\right) \mathrm{d}l}{\int_0^l \tau \mathrm{d}l} = \frac{\int_0^l (c' + \tan\varphi') \mathrm{d}l}{\int_0^l \tau \mathrm{d}l} \quad (6-26)$$

在地震作用下,因地震作用的往复性,边坡体更易发生受拉破坏,因此需考虑岩土体的抗力强度。本书在进行动力计算时采用考虑了抗拉破坏的摩尔-库伦准则,其中剪切屈服的摩尔-库伦准则可以写成:

$$f^s = \sigma_1 - \sigma_3 N_\varphi + 2c\sqrt{N_\psi} \quad (6-27)$$

式中 ψ ——膨胀角；

$$N_\varphi = (1+\sin\varphi)/(1-\sin\varphi); N_\psi = (1+\sin\psi)/(1-\sin\psi)。$$

在进行强度折减动力分析法时，不仅需要对岩土体的抗剪强度参数 c、φ 以及抗拉强度 σ^t 进行折减，直至破坏[60]，其中结构极限状态下对应的折减系数 ω 就为安全系数。

$$c' = c/\omega, \varphi' = \arctan(\tan\varphi/\omega), \sigma^{t'} = \sigma^t/w \quad (6-28)$$

式中 c'、φ'、$\sigma^{t'}$ ——折减后相应的强度参数。

采用强度折减动力分析法进行边坡的动力安全性分析时，主要从以下三个方面来对边坡是否失稳进行综合判断[15]：

(1) 破裂面是否贯通(拉剪破裂面)；

(2) 监测点的位移是否发生突变，因地震作用随时间变化，监测点的位移也随时间发生变化，不能简单按静力情况进行判定，地震作用下监测点的单一时刻位移发生突变并不意味着边坡破坏，但可以以根据地震结束后的监测点的总位移是否发生突变作为是否破坏的依据；

(3) 分析地震结束后，监测点位移、受力是否收敛，若不收敛表明此时边坡已经失稳破坏，例如收敛时最终位移能收敛到某一值不变，而不收敛时则位移无限增大。

6.6.2 沉管隧道结构及接头处动力安全系数

当 Kobe 地震波作用下，折减系数为 1.3 时，从管段接头处管段的位移时程曲线可以看出(见图 6-20)，1#和 2#管段的最终位移都收敛，结构能保持稳定。从数值大小上看，1#和 2#管段竖直向相对位移小于 1cm，横向相对位移小于 0.6cm，相对位移均小于设计允许值。

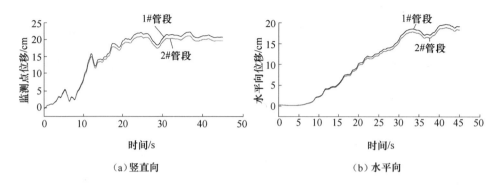

图 6-20　管段接头处监测点位移时程
（折减系数为 1.3，Kobe 地震波）

计算中不断增大折减系数，当折减系数为 2.0 时，从图 6-21 接头位移时程曲线可以看出：1#和 2#管段震后竖直向位移能接近于不收敛状态，接头结构竖直向方向处于极限状态，震后水平向位移保持定值，结构水平向方向保持稳定；从两管段相对位移上分析，1#和 2#管段竖直向相对位移接近 10cm，水平向相对位移接近 5cm，超过设计允许值，管段结构过大变形将不利于结构防水和行车安全。

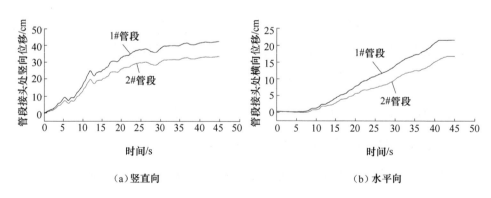

图 6-21　管段接头处监测点位移时程（折减系数为 2.0）

6.6 管段接头处动力稳定性分析

图 6-22 给出了折减系数 2.1 时,管段接头处位移时程曲线。可以看出,1#管段和 2#管段震后竖直向和水平向位移均不收敛,管段结构发生破坏;将 1#管段和 2#管段相对位移进行分析,此时两管段相对竖直向位移达到 20cm,相对水平向位移接近 10cm,接头处变形远超设计值。此时管段结构发生整体破坏,管段结构的动力安全系数为 2.0。同理,在 Taft 地震波作用下,采用强度折减动力分析法,得到此时沉管隧道整体安全系数为 2.2;Linghe 地震波作用下,对应沉管隧道动力安全系数为 2.3,这里不再赘述。

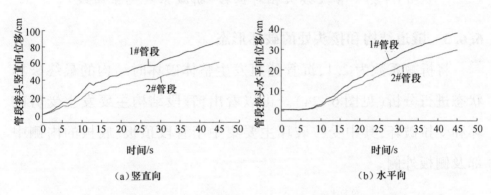

图 6-22 管段接头处监测点位移时程(折减系数为 2.1)

从管段接头处竖直向、水平向相对位移(指 1#与 2#管段响度位移)与折减系数关系曲线上分析(见图 6-23),当折减系数为 1.9 时,管段相对位移变化不大,主要呈弹性变形;当折减系数为 2.0 时,管段接头相对位移增长迅速,数值大小超过设计允许值。数据分析表明,沉管隧道接头处的动力稳定系数为 1.9,小于沉管隧道结构本身动力安全系数 2.0,即隧道接头在地震作用下要先于管段结构本身发生破坏。

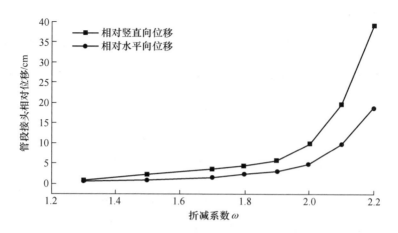

图 6-23　管段接头相对位移-折减系数关系曲线

6.6.3　隧道结构和接头处的破坏形态

将折减系数为 2.1,沉管隧道发生整体破坏时结构的最终破坏状态进行分析(见图 6-24)。可以看出,管段结构主要发生受剪破坏和受拉破坏,其中受拉破坏主要集中于管段顶板、底板的内侧中部及侧板外侧。

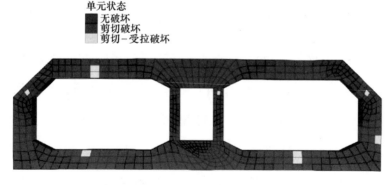

图 6-24　单元破坏状态图

图 6-25 给出了折减系数为 2.0 时、Kobe 地震波作用下管段接头处的变形情况。从图中可以看出,1#管段同 2#管段之间发生明显

的错动,该错动主要以竖直向错动为主(约20cm),水平向错动次之(约10cm),而管段竖直向相对变形最小。结构接头的大变形将对沉管隧道防水产生极大影响,严重威胁隧道安全,这点应引起工程师的足够重视。同理,对于Linghe地震波和EI-centro地震波也能得到管段接头相同的变形规律,这里不再赘述。

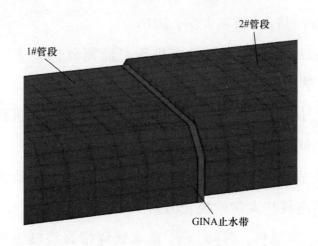

图6-25 沉管接头最终破坏图

6.7 本章小结

本章以港珠澳大桥沉管隧道工程为依托,探讨了沉管隧道满足的动力本构关系,利用数值分析的方法,得到了沉管隧道接头轴向力、弯矩等受力情况,利用强度折减动力分析法给出了沉管隧道的动力安全系数和最易破裂面位置,得出了隧道接头以竖直向错动为主,水平向错动次之,而管段竖直向相对变形最小的重要结论,对于海底隧道安全施工和运维具有重要的指导意义。

参 考 文 献

[1] 王升.隧道突涌水灾害区域性动态风险评估与预测预警及工程应用[D].济南:山东大学,2016.

[2] 成帅.隧道突涌水灾害微震机理与监测分析方法[D].济南:山东大学,2019.

[3] 王子洪,付会彬,马伟斌,等.岩溶地区隧道突水机理及防治措施[J].铁道建筑,2019,59(6):81-84.

[4] 杨志刚,安文生.复杂地质条件下隧道突水突泥致灾机理研究[J].西南科技大学学报,2019,34(2):67-70.

[5] 李秀茹,郭恩栋,薛帅,等.富水破碎带岩溶隧道突水模型试验研究[J].自然灾害学报,2019,28(2):101-108.

[6] NAWANI P C. Groundwater Ingress in Head Race Tunnel of Tapovan: Vishnugad Hydroelectric Project in Higher Himalaya, India[J]. Engineering Geology for Society and Territory, 2015,6: 941-945.

[7] 王朋朋,张勇,许帆.深长向斜隧道涌突水综合预报技术及应用[J].公路,2019,5:297-301.

[8] 杜林林,王秀英,刘维宁.基于收敛-约束法的预衬砌支护适用性研究[J].现代隧道技术,2017,54(4):115-121.

[9] 张顶立.隧道支护与围岩作用体系的力学特性研究[D].北京:

北京交通大学, 2017.

[10] 刘云, 赖杰, 辛建平, 等. 穿越断层隧道地震响应规律动力对比试验研究[J]. 岩土力学, 2019, 40(12): 4693-4702.

[11] 王帅帅, 高波, 隋传毅, 等. 减震层减震原理及跨断层隧道减震技术振动台试验研究[J]. 岩土工程学报, 2015, 36(7): 1086-1092.

[12] 黄志怀. 不良地质隧洞围岩稳定性及支护结构可靠性研究[M]. 北京: 中国建筑工业出版社, 2018.

[13] 王梦恕. 隧道工程浅埋暗挖法施工要点[J]. 隧道建设, 2006, 26(5): 1-4.

[14] RAHAMAN O, KUMAR J. Stability analysis of twin horse-shoe shaped tunnels in rock mass[J]. Tunnelling and Underground Space Technology, 2020, 18: 103-110.

[15] 王志杰, 高靖遥, 张鹏, 等. 基于突变理论的高压岩溶隧道掌子面稳定性研究[J]. 岩土工程学报, 2019, 41(1): 101-109.

[16] 刘明才. 隧道超欠挖下锚喷支护系统的稳定性分析[J]. 现代隧道技术, 2018, 56(6): 78-83.

[17] 张顶立, 孙振宇, 侯艳娟. 隧道支护结构体系及其协同作用[J]. 力学学报, 2019, 51(2): 577-593.

[18] ROBERTS J E, KULICKI J M, BERANEK D A, et al. Recommendations for Bridge and Tunnel Security. American Association of State Highway and Transportation Officials

（AASHTO） and Federal Highway Administration （FHWA）［Z］. 2003.

［19］ MASELLIS M, LAIA A, SFERRAZZA G,et al. Fire disaster in a motorway tunnel［J］. Fire Disast, 1997, 10(4), 1-4.

［20］ JIANG N, ZHOU C. Blasting vibration safety criterion for a tunnel liner structure［J］. Tunn. Undergr. Space Technol. 2012, 32：52-60.

［21］ CHENG R H, CHEN W, HAO H, et al. A state-of-the-art review of road tunnel subjected to blast loads. Tunn. Undergr. Space Technol.2021, 112：103911.

［22］ 刘慧. 邻近爆破对既有洞库影响的研究［D］.北京：铁道科学研究院,1998.

［23］ 崔岚,郑俊杰,章荣军,等.软弱破碎带洞库围岩变形及初期支护受力分析［J］.华中科技大学学报:自然科学版,2012,40(11)：53-57.

［24］ YANG JH, WU ZN, JIANG SH, et al. Study on controlling methods for transient unloading inducing rock vibration due to blasting excavation of deep tunnels［J］. Chinese Journal of Rock Mechanics and Engineering, 2018, 37(12)：2751-2761.

［25］ YILMAZ O, UNLU T. An application of the modified holmerg persson approach for tunnel blasting design［J］. Tunnelling and Underground Space Technology, 2014, 43：113-122.

［26］ KEMENY J M. A model for nonlinear rock deformation under compression due to subcritical crack growth [J]. Int. J. Rock Mech. Sci., 1991, 28:459-467.

[27] 韩超.强震作用下圆形隧道响应及设计方法研究[D].杭州:浙江大学,2011.

[28] 黄胜.高烈度地震下隧道破坏机制及抗震研究[D].武汉,中国科学院武汉岩土力学研究所,2010.

[29] 何川,李林,张景,等.隧道穿越断层破碎带震害机理研究[J].岩土工程学报,2014,36(3):427-434.

[30] MORADI M, ROJHANI M, GALANDARZADEH A, et al. Centrifuge modeling of buried continuous pipelines subjected to normal faulting[J]. Earthquake Engineering and Engineering Vibration, 2013, 12(1): 155-164.

[31] 王峥峥.跨断层隧道结构非线性地震损伤反应分析[D] 成都:西南交通大学, 2007.

[32] 崔光耀,王明年,于丽,等.穿越黏滑错动断层隧道减震层减震技术模型试验研究[J].岩土工程学报,2013,35(9):1753-1758.

[33] 耿萍,唐金良,权乾龙,等.穿越断层破碎带隧道设置减震层的振动台模型试验[J].中南大学学报(自然科学版),2013,44(6):2520-2526.

[34] 王峥峥,高波,李斌,等.跨断层隧道振动台模型试验研究Ⅰ:试验方案设计[J].现代隧道技术,2014,51(2):50-55.

[35] 徐前卫,程盼盼,朱合华,等.跨断层隧道围岩渐进性破坏模

型试验及数值模拟[J].岩石力学与工程学报,2016,35(3):433-445.

[36] BAZIAR M.H., NABIZADEH A, JUNG LEE C, et al. Centrifuge modeling of interaction between reverse faulting and tunnel[J]. Soil Dynamics and Earthquake Engineering, 2014, 65: 151-164.

[37] MORADI M, ROJHANI M, GALANDARZADEH A, et al. Centrifuge modeling of buried continuous pipelines subjected to normal faulting[J]. Earthquake Engineering and Engineering Vibration, 2013, 12(1): 155-164.

[38] 崔光耀,王明年,于丽,等.穿越黏滑错动断层隧道减震层减震技术模型试验研究[J]. 2013,35(9):1753-1758.

[39] 蒋树屏,方林,林志.不同埋置深度的山岭隧道地震响应分析[J].岩土力学,2014,35(1):211-225.

[40] 王志华.大型工程土与结构动力相互作用的理论和试验研究[D].南京:河海大学,2005.

[41] 徐炳伟.大型复杂结构-桩-土振动台模型试验研究[D].天津:天津大学,2009.

[42] 张敏政.地震模拟实验中相似律应用的若干问题[J].地震工程与工程振动,1997,17(2):52-57.

[43] 林皋,朱彤,林蓓.结构动力模型试验的相似技巧[J].大连理工大学学报,2000,40(1):1-8.

[44] 刘鹏,丁文其,杨波.深水超长沉管隧道接头及止水带地震响

应[J].同济大学学报(自然科学版),2013,41(7):984-988.

[45] 张如林,楼梦麟,袁勇.土-海底沉管隧道体系三维地震响应分析[J].湖南大学学报(自然科学报),2014,41(4):25-32.

[46] 唐英,管敏鑫,万晓燕.沉管隧道接头的理论分析及研究[J].中国铁道科学,2002,23(1):68-72.

[47] 严松宏,高峰,李德武,等.沉管隧道地震响应分析若干问题的研究[J].岩石力学与工程学报,2004,23(5):846-850.

[48] ANASTASOPOULOS I, GEROLYMOS N, DROSOS V, et al. Nonlinear response of deep immersed tunnel to strong seismic shaking [J]. Journal of Geotechnical and Geoenvironmental Engineering, ASCE, 2007, 133(9): 1067-1090.

[49] KIYOMIYA O. Earthquake-resistant design features of immersed tunnels in Japan[J]. Tunnelling and Underground Space Technology, 1995, 10(4): 463-475.

[50] Itasca Consulting Group Inc. Fast Lagrangian Analysis of Continua in 3 Dimensions [M]. Minneapolis: Itasca Consulting Group Inc., 2005.

[51] MARTIN G R, FINN W D L, SEED H B. Fundamentals of liquefaction under cyclic loading[J]. Journal of the Geotechnical Engineering Division, 1975, 101(5): 423-438.

[52] BYRNE P. A Cyclic Shear-Volume Coupling and Pore-Pressure Model for Sand[C]// Second International Conference on Recent

Advances in Geotechnical Earthquake Engineering and Soil Dynamics, St. Louis, Missouri, 1991, 24: 47-55.

[53] 艾亿谋,杜成斌,洪永文,等.混凝土坝抗震加固中钢筋混凝土的动力本构模型[J].水利学报,2009,40(3):289-295.

[54] 李秀地,郑颖人,袁勇.沉管海底隧道强度折减法分析探讨[J].岩土工程学报,2013,35(10):1876-1882.

[55] 中交公路规划设计院有限公司设计联合体.港珠澳大桥初步设计文件报告[Z].珠海:中交公路规划设计院有限公司设计联合体,2010.

[56] 陈育民.砂土液化后流动大变形试验与计算方法研究[D].南京:河海大学,2007.

[57] 郑颖人,叶海林,黄润秋.地震边坡破坏机制及其破裂面的分析探讨[J].岩石力学与工程学报,2009,28(8):1714-1723.

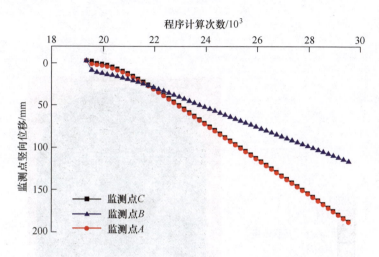

图2-16 监测点竖向位移(折减系数为1.9)

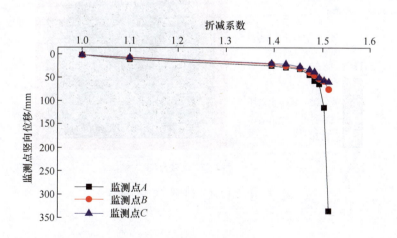

图2-33 监测点位移-折减系数关系曲线

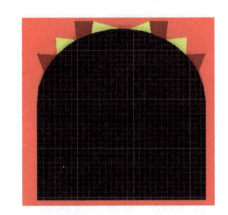

(a)折减系数为1.0

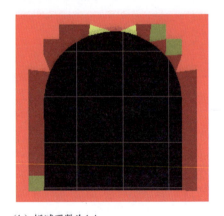

(b)折减系数为1.4

图 3-3　1s 时刻隧洞塑性区

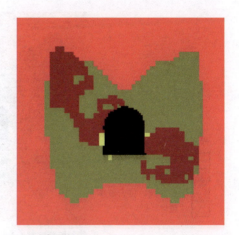

(a) 折减系数为1.0

(b) 折减系数为1.4

图 3-4　2.06s 时刻隧洞塑性区

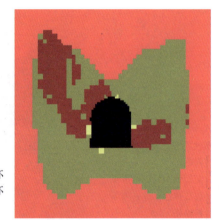

(a)折减系数为1.0

(b)折减系数为1.4

图 3-5 2.13s 时刻隧洞塑性区

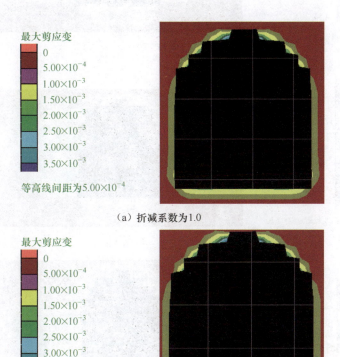

图 3-6 0.001 s 时刻剪应变增量云图

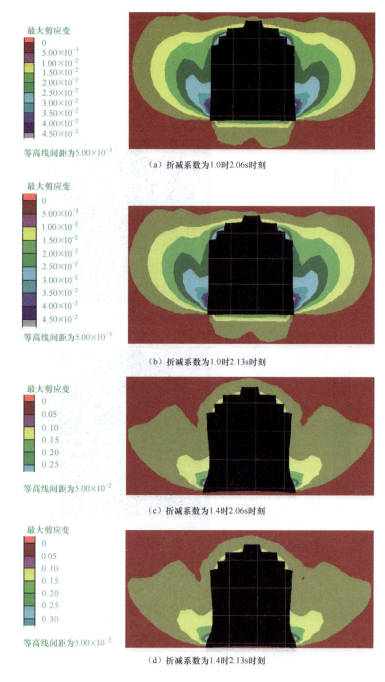

图 3-7　2.13s 时刻剪应变增量云图

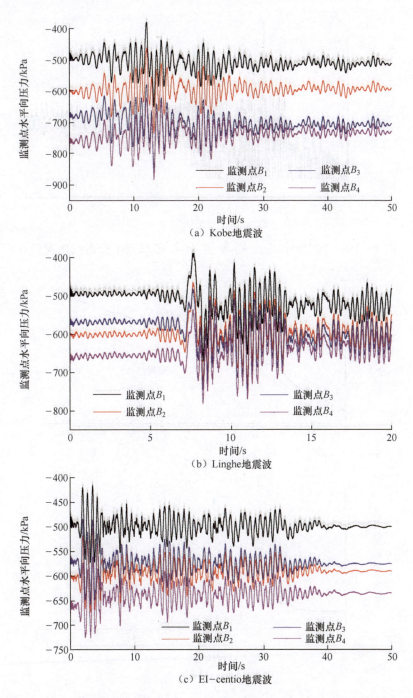

图 6-12 管段左侧监测点水平向动土压力响应(埋深 15m)

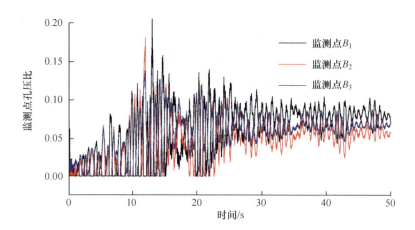

图 6-19 回填碎石土处各监测点孔压比(Kobe 地震波)

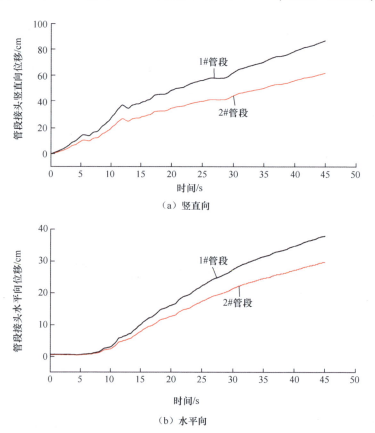

(a) 竖直向

(b) 水平向

图 6-22 管段接头处监测点位移时程(折减系数为 2.1)